敏捷开发技术丛书

The Professional Scrum Team

专业的 Scrum团队

[德]彼得 · 格茨(Peter Götz)　乌维 · M. 席尔默(Uwe M. Schirmer)　库尔特 · 比特纳(Kurt Bittner) 著

李静 译　　彭茜 审校

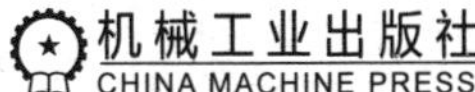
机械工业出版社
CHINA MACHINE PRESS

图书在版编目（CIP）数据

专业的 Scrum 团队 /（德）彼得 · 格茨，（德）乌维 · M. 席尔默，（德）库尔特 · 比特纳著；李静译 . —北京：机械工业出版社，2023.1
（敏捷开发技术丛书）
书名原文：The Professional Scrum Team
ISBN 978-7-111-72159-8

I. ①专… II. ①彼… ②乌… ③库… ④李… III. ①软件开发 – 项目管理 IV. ① TP311.52

中国版本图书馆 CIP 数据核字（2022）第 228846 号

北京市版权局著作权合同登记 图字：01-2021-3395 号。

专业的 Scrum 团队

出版发行：机械工业出版社（北京市西城区百万庄大街 22 号 邮政编码：100037）
策划编辑：刘 锋
责任编辑：刘 锋 冯润峰
责任校对：丁梦卓 王 延
责任印制：刘 媛
印 刷：涿州市京南印刷厂
版 次：2023 年 3 月第 1 版第 1 次印刷
开 本：147mm × 210mm 1/32
印 张：7
书 号：ISBN 978-7-111-72159-8
定 价：79.00 元

客服电话：（010）88361066 68326294

Preface 序

我们生活在一个错综复杂的时代。借助于技术，我们能够将世界连接在一起，也能够将复杂的供应链结合起来，并与全球各地的同事协作。与此同时，我们的能力有时似乎又不足以很好地应用这些技术。为迎接挑战，抓住当下机遇，我们的工作观念必须转变，应从由专家执行并由管理层协调以交付价值的一整套管理任务的组合，转变为一个以授权团队为特点的组织，其成员公开协作，灵活应对新挑战。

这类新组织的核心是致力于向客户交付价值的创造者团队。Scrum 的核心也是一个团队，即 Scrum 团队。Scrum 最有价值且最有力的优势之一在于它能够让团队蜕变成一支高效能、高绩效的队伍。一个优秀的团队能在面临巨大挑战时取得成功，并通常能够成功完成和交付别人认为不可能的任务。

但是《Scrum 指南》却几乎没有提供有关 Scrum 团队成员如何共同交付价值的指导。对许多团队而言，Scrum 暴露了因其团队不习惯携手合作而带来的问题。解决这些问题可能会让一些新的 Scrum 团队感到沮丧，因为 Scrum 暴露了团队缺点，却不能帮助团队克服它们。这些团队有时会觉得“ Scrum 对我们不起作用”，或者会纠结于“如何建立一个出色的团队？”和“成为 Scrum 团队一员有何意义？”之类的问题。

本书回答了这些问题。它描述了成为高绩效团队一员的新游戏规则。Peter、Uwe 和 Kurt 解释了什么是 Scrum 团队，以及 Scrum 团队如何交付价值。他们通过扩展性案例研究，描述了这种新工作方式所面临的挑战和机遇。本书全面描绘了团队合作的未来，也丝毫没有掩饰与他人合作的困难。其基本原则建立在 Scrum 基础原理和 Scrum 专业精神基础之上。

本次探索旅程的基础内容是：

- 经验过程：一种边做边学并根据经验进行调整的方法。本书描述了这种方法对团队的意义，以及团队成员如何通过少量的增量交付、结果度量，并在推进过程中进行检视和调整来实现共同学习和成长。
- 自组织（self-organization）和授权团队：具有创造力且被授权的团队与普通团队的区别在于前者有能力决定自己的工作方式、组织方式以及决策方式。但是，如果仅仅告诉一群人他们应该进行自组织，并不会让他们马上变得自组织起来。自组织是一项复杂的团队技能，需要时间来学习和掌握。本书对如何帮助团队提高效率提供了实用性指导。
- 持续改进：Scrum 帮助团队持续改进其产品，同时也帮助团队成员持续改进自身及其工作方式和技能。本书描述了团队应在何时何地进行回顾和改进。

基于此，专业精神意味着需要从以下四个层面建立基础：

- 纪律，体现在团队交付有价值的产品增量的工作开展方式上，也体现在团队提高向客户交付的价值中。本书介绍了从 Scrum 团队成立的第一天起就可以采用的方法，并强调了在工业时代遵守纪律与在当今复杂世界中遵守纪律的区别。

- 行为，即团队成员之间以及与组织的其他成员之间一起工作的方式。《Scrum 指南》在 2017 年引入了 Scrum 价值观，以满足成功所需的文化支持。它描述了五个简单理念，包括勇气、专注、承诺、尊重和开放，这些理念能在实践中促进敏捷文化。这些价值观有助于团队及其组织了解自身应该如何工作。但是价值观往往都是一带而过和模糊的。本书解释了这些价值观如何体现在 Scrum 团队的工作中。
- 价值，或 Scrum 团队向客户和利益相关者交付的成果和体验上的改变。专业的 Scrum 团队的工作是：在其必须遵守的约束内，通过提供最能满足客户需求的解决方案，为所有各方做正确的事。在本书中，可以看到我们在阐述自己对价值的理解时所面临的挑战，以及 Scrum 团队如何支持其利益相关者。
- 社区，Scrum 团队以这种方式与团队成员以及其所在组织和专业领域中的其他人一起学习新技能和分享经验。帮助扩展社区的敏捷性并不是完全利他性的，因为提供帮助者通常也能学到有价值的东西，从而让自己的团队也得到帮助。在本书的最后几章中，Peter、Uwe 和 Kurt 讨论了在团队中扩展想法对组织的意义以及如何具体进行。

专业的 Scrum 并不容易，不是因为想法很难，而是因为需要毅力、专注和奉献精神，以免被日常现实阻断。在本书中，Peter、Uwe 和 Kurt 提供了一系列材料来帮助 Scrum 团队交付价值和享受行动过程。

我们所生活的世界充满了复杂的问题，解决复杂的问题需要团队（甚至是团队组合）以有效的方式进行合作。对于任何组织、机构或整个社会而言，本书所描述的技能将会越来越重要。

预祝你的阅读之旅愉快而顺利！

——Dave West

Scrum.org 首席执行官兼产品负责人

Preface 前　言

关于 Scrum 的书有很多，它们大多集中在某些具体方面，如 Scrum 框架或 Scrum 角色详情。也有一些会解释某个特定工具或实践，如用户故事，这些工具或实践使 Scrum 中的工作变得更容易。

这些书中有很多都很不错，但我们发现，没有一本书能真正让人们做好准备，知道自己成为 Scrum 团队的一员后，日常工作将会发生怎样的变化。我们写这本书的目的在于传达日常经验，并为你提供成为一个更好的 Scrum 团队成员所需要的洞察力。

本书目的

本书是为 Scrum 团队成员而写的。《Scrum 指南》说得没错："Scrum 虽然很容易理解，但是很难掌握。"[1]对于 Scrum 团队中的人来说，最困难的地方就是每天一起共事。

掌握紧密协作技能是成功的 Scrum 团队所必需的，这是一种整体性挑战，而非针对某个框架或某个支持工具的单一挑战。

[1] https://scrumguides.org/scrum-guide.html#definition。

我们写这本书的目的在于帮助在Scrum团队中工作的人使用框架来改进自己的工作方式并交付有价值的产品。我们描述了Scrum团队面临的常见问题和我们所看到的实际解决方案，还讨论了可能帮助你应对类似挑战的典型解决方案。

我们建议你将这些案例研究视为仅供参考的例子。本书分享的这些案例研究并非可照搬照抄的解决方案，你需要根据自己的具体情况对其进行调整。分享它们是为了激发你的团队成员的自省与讨论，促使你们讨论替代方案及其利弊，至于该怎么做还是得由你们自己决定。

我们不打算将这本书作为Scrum的入门书籍。如果你还不了解Scrum，那么你应该阅读《Scrum指南》或者参加一个关于Scrum的课程，甚至还可能需要获得一些使用Scrum的实践经验。如果你对Scrum的基础知识有一定了解，并且希望帮助你的团队提高使用Scrum进行协作的能力，那么请继续阅读。

本书读者对象

本书适合所有在Scrum团队工作的人阅读。你将能够与所描述的挑战联系起来，并可以使用其中介绍的理念来找到自己在Scrum团队中的工作方式。通过阅读本书，刚接触这个框架的人可以避免经历一些其他人曾经历过的艰难困苦，而经验丰富的Scrum实践者将收获更多关于常见挑战及如何应对这些挑战的新观点。

那些与Scrum团队一起工作但不是Scrum团队成员的人也可能对本书感兴趣。如果你属于这一类，了解成功的团队协作要素以及如何应对团队挑战将会对你有所帮助。你将了解成功应用Scrum需要什么样的环境。

无论你是经验丰富的 Scrum 实践者还是对该框架仍相当陌生的新手，都应该了解《Scrum 指南》中所描述的 Scrum 元素与规则。本书假设读者已熟悉敏捷和 Scrum 的价值与原则。

本书结构

本书讲述的是一个关于 Scrum 团队的故事，介绍团队成员如何一起面对共同的挑战，从而交付有价值的产品增量。书中讨论他们在使用 Scrum 时所学到的知识，以及他们如何优化合作方式。在叙述上，本书结合案例研究与相关讨论，首先介绍 Scrum 团队遇到的特定挑战，然后探索应对该挑战的替代方案。

你应该从头读到尾，跟随书中的故事学习。各章遵循以下大纲：

第 1 章 介绍 Scrum 团队并描述它是如何运转的。本章重点介绍开发团队（Development Team）和产品负责人之间的协作。产品待办列表、Sprint 待办列表与产品增量是在快速变化的环境中保证透明度所需的工具。本章将演示这些工具如何帮助 Scrum 团队成员计划和组织他们的工作。

第 2 章 讨论为什么在 Scrum 方面已经积累了一些经验的新手 Scrum 团队有时会认为 Scrum 不起作用。得出此结论的大部分原因在于其实现 Scrum 的方式死板。团队虽然在践行这些方法，但对 Scrum 的特定规则或某些工具的认识不到位。

第 3 章 讨论策略和产品待办列表精化，以及跨职能与不断变化。《Scrum 指南》描述了团队解决复杂适应性问题的框架。Scrum 团队必须找到并定义自己的工作方式以及想要成功所使用的工具。

第 4 章 描述 DevOps 的理念、DevOps 与 Scrum 的关系，以及它可以如何进一步改进 Scrum 团队的工作。Scrum 团队最重要的成果是产品——《Scrum 指南》称之为“可发布的产品增量”。这是最低要求。

第 5 章 探讨一个不可避免的事实，即当人们密切合作时就会产生冲突。某种程度的冲突是正常的、健康的，但是，它可能会升级并成为团队和组织的问题。本章描述冲突的来源和解决方法。

第 6 章 讨论 Scrum 团队可以使用的度量标准，以及度量标准可能被滥用而因此失去价值。组织要想知道各部门的工作效果，绩效和成功的度量是必不可少的。

第 7 章 重点介绍管理的角色及其对 Scrum 团队的重要性。本章将描述传统管理在敏捷环境中面临的常见挑战及其解决方案。

第 8 章 描述 Scrum 团队需要在什么样的组织中运转。本章将讨论传统组织和 Scrum 团队之间的常见冲突领域，例如层级制度，以及对项目而非产品的思考。你将看到 Scrum 团队要想成功协作需要什么条件。

第 9 章 强调 Scrum 中的改进被描述为“持续的”是有原因的。成为一个 Scrum 团队的道路永远没有尽头，向 Scrum 的过渡也永远不会结束。

请不要把书中讲的故事当作 Scrum“模样”的蓝图，它不是这样的。我们的团队探索 Scrum，并做出与我们在真实团队中看到的相同或相似的决策。这些决策有时是错误的，之后必须改正。Scrum 需要去探索与体验，其实现方式并不是唯一的。

我们希望你能从本书中得到更多的乐趣，也希望你能从 Scrum 中得到更多的乐趣。

Acknowledgements 致　谢

养育一个孩子需要全村的力量。

——非洲谚语

我认为这句谚语适用于全天下的孩子。在过去的几年里，我发现这句谚语也同样适用于图书。一本书的诞生真的需要很多人。在此我想特别感谢几个人，他们对这本书至关重要。

首先，我要感谢 Uwe M. Schirmer 的合作支持。从本书最开始的想法到结尾，我们一直在一起工作。我和他一起写了这本书的初稿(你应该庆幸没有读过)，在这个过程中，我们学到了很多写书的禁忌。遗憾的是，由于他日程繁忙，因此无法全身心地投入到这本书的第二稿中。我很感激他付出的时间和给我的支持。

接下来，我要感谢 Kurt Bittner 对本书的指导与贡献。他帮助 Uwe 和我起草第一稿，然后在创作第二稿的过程中给予我很大帮助。我从他那里学到了很多关于写作和英语语言的知识。我很惊讶他竟能如此快地看完书稿，并提供建设性的、有帮助的、切中要害的反馈。感谢他在写作的最后阶段更加积极地参与，感谢他对有关管理和组织的章节所做的贡献。

我还要感谢Scrum.org的所有支持，尤其是Ken Schwaber、Dave West、Sabrina Love和Eric Naiburg。感谢Dave和我分享这个系列丛书的想法，特别感谢他为本书作序。非常感谢Ken给予第一稿的评价，不然Uwe和我就无法改进我们的成果，也就无法有效地了解早期反馈的好处。感谢他们共同创建Scrum并为我们带来了灵感。非常感谢Sabrina的设计，不仅仅是她对本书的设计，还有每次Scrum.org的培训师冒出新的视觉想法却不知道如何实现时的设计。我特别喜欢她设计的封面。非常感谢Eric对本书内容与阅读人群划分的帮助。

没有我们的专家评审，这本书就不会是今天的样子。他们提供了很多很好的建议，给的反馈也很准确直接。非常感谢Helen Sedlmeier、Oliver Hankeln、Jürgen Mohr、Mikkel Toudal Kristiansen、Thomas Barber、Svenja Trampisch、Thomas Schissler、Marc Kaufmann和Kim Nena Duggen。他们为那些我认为已经“完成”的部分输入的许多有价值的东西总是令我感到惊喜。

我的同事Stefan Toth慷慨地允许我们使用他的视觉设计来制作架构饼图。非常感谢他的这个隐喻，我只敢在快到饭点的时候用，因为它会让我感到很饿。

特别感谢Pearson和每一位助力本书成形和完善的人。我想他们应该是帮助孕育此书的“村民”主力，而我只能想到那些与Uwe、Kurt和我直接合作的人。因此，我要感谢我们的原始编辑Chris Guzikowski和现任编辑Haze Humbert，他们给予我们建议与支持，也是我们与Pearson的直接联系人。

最后，我要特别感谢我的妻子和三个孩子在我写作本书的过程中给予我的耐心。原来“工作量应该不大”是个谎言，谁会想到呢？

About the Author 作者简介

Peter Götz是一名顾问、培训师和教练。他于2001年开始从事Java软件开发工作，并于2006年进入咨询行业。他也是Scrum.org的专业Scrum培训师，自2008年以来一直以Scrum教练的身份协助团队。作为专业Scrum开发人员培训的负责人之一，他负责维护、开发课程材料和学习路径。他对软件架构和DevOps充满热情，喜欢讨论如何使用现代架构风格和工程实践来改进Scrum团队的工作流程。Peter和妻子及三个孩子住在慕尼黑附近，他的爱好是酿啤酒、烤面包和养蜂。他有过一次航海经历，且只有意识到自己正坐在船上时，他才能感受到航海的乐趣。你可以在Twitter（@petersgoetz）上找到他，或者访问他的网站（https://pgoetz.de/）。

Uwe M. Schirmer是一位认证的Scrum专家、软件架构师、项目经理和需求工程师。他于20世纪80年代开始从事计算机方面的工作。经过两次职业教育后，他在德国富尔达应用技术大学学习计算机科学。他自1996年起担任培训师，自2000年起担任不同客户和项目的顾问。如今，他在埃森哲解决方案智库（Accenture SolutionsIQ）担任敏捷教练和软件架构师，在帮助组织实现现代化的同时，兼顾其应用程序和基础设施的产品、质量和架构。他的主要兴趣是敏捷软件开发、浮现式设计和架构、软件架构编档、DevOps、开发团队和组织文化的演进。他和妻子、三个孩子住在德国法兰克福附近。

Kurt Bittner 在帮助团队在短反馈驱动周期内交付软件方面（作为开发人员、产品经理、产品负责人、行业分析师以及组织变革代理人）拥有超过 35 年的经验。除了发布许多博客和文章外，他还与人合著了许多有关软件工程的书籍。他目前是 Pearson 出版的 Scrum.org 系列图书的丛书主编。

Contents 目　　录

第1章 成为一个高效的 Scrum 团队

在本章中，你将遇到案例研究团队，这是一个为医疗办公室开发管理软件的 Scrum 团队。该团队正在进行第十二个 Sprint，并且已经有一些 Scrum 工作经验。

产品负责人和开发团队在 Scrum 团队中自组织协作，使用产品待办列表和 Sprint 待办列表来计划和组织他们的工作。协作创造了持续改进工作方式与提高工作成果所需的透明度。本章的目的在于向你展示一个良好协作的团队，从而让你了解 Scrum 中有效的团队合作是什么样子的。它会先为你提供一条 Scrum 的工作基线，然后我们再探索挑战，描述一些可能对你来说更为熟悉的情况。

> "我们的 Sprint 待办列表看起来不错，" 一个开发人员说，"我们已经实现了 Sprint 待办列表中的所有功能，目前正在完成最后的测试。"

这是 Sprint 评审会的前一天，在 Sprint 评审会上 Scrum 团队（由产品负责人、开发团队和 Scrum Master 组成）将与利益相关者分享当前的 Sprint 成果。这个团队为一家销售医疗办公室管理软件的公司工作。开发团队正在讨论其当前工作，并为 Sprint 目标的最后一步做计划。

产品负责人加入了他们，因为她对事态非常好奇。她也想看看开发团队是否有需要她的地方。在开发团队完成其每日站会后，她问团队成员是否可以再待几分钟，与她讨论一些问题。两名团队成员想要打理剩下的测试，为 Sprint 评审会做准备，团队的其他成员留了下来进行快速的交流。

“我们的 Sprint 目标是实现新患者注册流程的第一个版本，并将其集成到我们的应用程序中。我们明天能展示这个吗?”产品负责人问道。

“是的，我们已经在测试环境中完成了集成工作，而且看起来很好，”其中一个开发人员回答道，“我们还确保可以通过配置启用新流程，从而可以先让高级用户来测试它。一旦你想向每个用户都推出该功能，可以删除这个配置和切换逻辑。我们已经在产品待办列表中为此准备了一个待办事项。”

“但在本周早些时候的产品待办列表精化会议上，我们并没有讨论这些额外的工作，是吗?”产品负责人问道。

“是的，直到那次会议后我们才意识到这个问题有必要讨论。我们可以下次再讨论，但要尽快，因为这是一个主要的技术变更问题。”另一开发人员补充道。

产品负责人点了点头，看上去很满意。然后她又想到了另一个问题："上周，我们与一位用户讨论了流程中的一项变更，你还记得吗？明天我们要展示的产品增量中会包括它吗？"

"是的，我们能够实现这一变更。幸好我们在一开始就讨论了这个变更，所以不需要返工，"其中一位前端开发人员答道，"谢谢您上周查看了初步预览。"

"没什么，我很高兴能看到初步成果，并与我们的用户分享，进而取得早期反馈，"产品负责人说道，"谢谢你们的时间，我期待在明天的 Sprint 评审会上看到你们。"

开发团队和产品负责人之间的这种互动说明了 Scrum 团队应该如何工作：以 Sprint 的形式朝着共同的目标努力。他们的短期驱动因素是在每个 Sprint 计划会中共同创建的 Sprint 目标。团队成员相互协作，同时也与利益相关者密切合作。不管他们的头衔是什么，他们都承担着自己的责任，并努力改善大局。

在本章接下来的内容中你将更深入地了解这种协作。

1.1　产品负责人与开发团队之间的协作

Scrum 团队是自组织和跨职能的。

——《Scrum 指南》

（https://scrumguides.org/scrum-guide.html#team）

这句话描述了 Scrum 团队的本质。

自组织是一种自然的方式，几乎适用于所有的工作，但许多人却没有接触过这种工作方式。自然组成的单个自组织实体形成更大的自组织实体。在一个复杂多变的环境中，只有通过自组织才能实现规模化，如鱼群、森林或世界各地的动植物群。

考虑更小规模的自组织，一个自组织的团队可以对其环境中的变化做出反应，比如他们想要实现的目标有变，他们正在尝试做的工作有变，或者他们的合作方式有变。我们的客户经常问我们：Scrum 团队在特定情况下应该如何运作？在 Sprint 评审会中，开发团队应该如何表现？Scrum Master 是否应该在特定的情况下进行干预？如果是，如何干预？产品负责人是否参加每日站会？如果是，怎么做？我们通常回答说，团队围绕“那件事”进行自组织——“那件事”几乎可以是任何事情，从要使用什么工具到如何描述待办事项。我们推荐自组织的原因是，从事这项工作的人是最有能力做出影响该工作的决定的人。

只有当一个问题没有预先确定的解决方案时，才会产生自组织。考虑下前面的例子：产品负责人是否要参加每日站会？有什么好处呢？会有什么问题呢？如果可以选择，你会做什么，为什么？通过回答这些问题，团队可以找到自己的解决方案——这是自组织的。

继自组织之后，Scrum 团队的第二个同样重要的属性是跨职能。一个跨职能团队拥有所有能力和技能来交付有价值的可工作产品增量。团队成员相互协作，利用各自不同领域的专业知识达到最佳合作效果。在高度专业化的工作环境中，拥有一个领域的深厚技能和知识是很重要的。然而，单单一个人通常无法为客户创造有意义和有价值的结果。我们的客户、业务领域和技术变得越来越复杂，我们必须尽可能地了解它们，才可能做出最佳决策。因此，整合不同专家的工作并使其对客户有价值是成功的关键。跨职能团队能够实现这种整合与紧密协作。

检验一个 Scrum 团队是否是真正意义上的跨职能团队的方法是：看它是否有能力在每个 Sprint 都能交付有价值的可工作产品增量。如果团队做不到这一点，那么就需要找到能补充缺失技能的人，或者增加现有团队成员的技能和知识。

这两个属性组合在一起成为 Scrum 团队的撒手锏。无跨职能的自组织可能导致只有局部优化，而没有大局意识。无自组织的跨职能可能只会滋生无法对外部世界的影响做出反应的大团队。但说实话，后者很难想象，因为一个跨职能团队通常需要一定程度的自组织才能成为真正的跨职能团队。

1.1.1　不要把业务和 IT 分开

在与我们合作的许多公司中，我们看到了业务部门与 IT 部门之间的博弈。

业务部门希望满足顾客的需求。他们对这些需求是什么以及如何满足这些需求有一定想法。由于业务部门想为其客户提供最大价值，因此他们想要 IT 部门更快地交付。

IT 部门则需要提供具有功能性的、稳定的基础设施和系统，其目标是确保长期的一致性和可靠性。因此，IT 部门需要确保对系统的变更不会产生副作用，从而不会威胁其长期目标。

每个人都只看到自己在整体中的那部分，却看不到其他人的部分，从而造成“孤岛”思维与一种区分“我们与他们”的心理。

这种局面会极大地影响跨职能的形成与一个真正的团队的形成。不能创造团队思维的组织可能会面临不良后果。在过去，把我们的家庭或部落放在第一位是有益的。这是一种在个体间创造共同文化和强大社会纽带的方法，对于“外人”，我们没有这种纽带的感觉。因此，即使是在一个有几千名员工的跨国公司里，我们也必须为共同的目标而努力，我们必须协作。只有当我们认同与我们一起工作的人和我们为之工作的人时，纽带感才可能出现。在 Scrum 中，他们就是我们的 Scrum 团队成员、内外部利益相关者以及客户。“我们与他们”的心理会导致出现隔阂与障碍，阻碍协作与共情。

另一个重要的方面是反馈。关于客户需求以及如何满足客户需求的业务理论可能是正确的，也可能是不正确的。最重要的是，企业需要就其假设得到快速反馈。这样做的先决条件是协作和共同理解。

将把业务部门与 IT 部门分开运营的公司与本章开头介绍的 Scrum 团队进行比较——在 Scrum 团队中，成员为了共同的目标团结在一起，共同努力实现目标。其重点不在于我们属于哪个“部落”，IT 部门或业务部门，而是在于我们试图实现的共同目标。

1.1.2 为有价值的产品负责

在前面的场景中，开发团队正在为即将到来的 Sprint 评审会做准备。评审会的目的不在于满足某些“需求”，而是着眼于一个更大的目标，改善客户的生活和工作。

这包括填补开放式问题的空白，并与产品负责人讨论这些问题。开发团队本可以实现了新患者注册流程就结束，但他们为大局负责，考虑了如何向客户推出新流程，并因此增添了系统的可配置性。与我们合作过的很多团队都只关注验收标准，因此当产品负责人提出如何以最小风险推出新功能时，他们会非常惊讶。

1.1.3　协助管理产品待办列表

本例中的开发团队甚至在产品待办列表中添加了一个清除待办事项。这难道不是产品负责人的工作吗？不是的。产品负责人负责优化产品待办列表所创造的价值。这并不意味着她是唯一一个可以提出价值优化想法的人。Scrum 团队及其利益相关者可以从内容协作、使用不同的见解和精化这些见解中获益。

当然，有些产品负责人更喜欢完全控制他们的产品待办列表，并且希望成为产品待办列表的唯一管理者。只要不会阻碍反馈与协作，就没问题。还有一些与我们合作过的产品负责人会向每个人开放产品待办列表，并创建向产品待办列表中添加待办事项的规则。

一个例子是，所有涉及或对产品感兴趣的人都可以向产品待办列表中添加待办事项，但必须在添加后向产品负责人说明并由其进行审查。否则，产品负责人将在超过设定的等待时间后删除该待办事项。然后，产品负责人会根据需要对产品待办列表中的待办事项进行精化和排序，以优化价值。

这些示例只是操作产品待办列表和创建新待办事项的两种方法。每个产品负责人都必须找到他或她自己使用产品待办列表的方式，在正确的时间促进正确的对话。

1.1.4 Sprint 范围不是固定的

通常，Scrum 团队声称，所有要做的事情都必须在 Sprint 计划会中进行选择和规划。对范围的任何变更都将被视为对神圣的 Sprint 计划的违背。Scrum 是一个解决复杂的适应性问题的框架。在一个复杂的环境中，未知的比已知的更多。这意味着你必须随时面对那些未知的事物，并对它们做出反应。Sprint 计划会试图建立对问题和如何解决问题的充分理解，有了这些理解，Scrum 团队就能够联合起来，朝着 Sprint 的目标努力。

在 Sprint 中明确和决定开放性问题是有价值的。相比于在流程后期才发现事情必须更改，这样将减少可能被浪费在前期的工作量。在所谓的最后责任时刻之前提供的选择都是有价值的。最后责任时刻是一个时间点：在这个时间点不做决定比做出一个需要后期改正的错误决定更危险。

当在 Sprint 中收到早期用户的反馈后，开发团队做了一件正确的事情，它实现了一个不同于 Sprint 计划会中商定的流程。团队并不是因为可以改变计划而改变它，而是因为能够通过这种改变增加价值。不改变方针最终可能会损害整个 Scrum 团队。

最后责任时刻

并发软件开发意味着在只知道部分需求时就开始开发，并在短时间内根据反馈进行迭代，从而让系统逐渐成形。并发开发可以将承诺推迟到最后责任时刻之前，也就是指，如果在这个时刻不能做出一个决策，就会失去一个重要的替代方案。如果承诺被推迟到最后责任时刻之后，那么就按默认进行决策，这通常不是一个好的决策方法。

——Mary 和 Tom Poppendieck，

Lean Software Development:An Agile Toolkit

决策就是排除选择。你做的每一个决策都意味着你对一个选择的肯定，对其他选择的否定。过早做出决策可能会因为你对手头问题了解较少而排除掉有价值的选择。通常情况下，你没有足够的信息和知识来帮助你做出最好的决策。

在最后责任时刻做出决策的重要意义在于，在重要的选择变得不可用之前做出决策。在此时不做出决策导致的结果可能会比在此时做出一个日后必须纠正的错误决策更糟糕。

在最后责任时刻做出决策创建了一个学习窗口，你可以用它来了解更多关于该决策及其替代选项的信息（如图 1.1 所示）。你应该积极利用这段时间来填补理解上的空白，并为更好的决策创造基础。

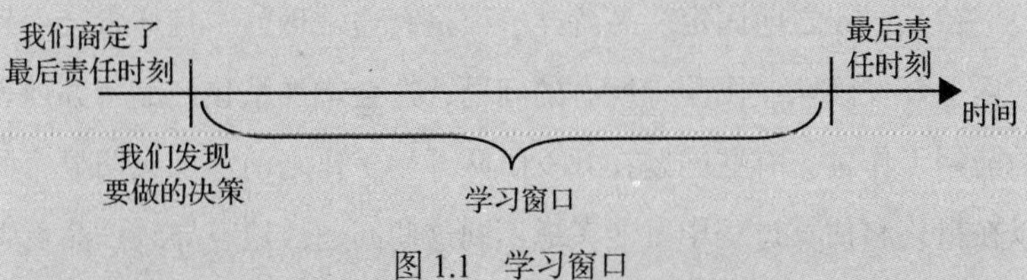

图 1.1　学习窗口

最后责任时刻不是一个具体的时间点，而是一个隐喻。因此，通常不可能准确地定义这个时间点。关键是要积极明确地约定一个时间点，在这个时间点上，不做任何决策比做决策更不利。这需要只有通过实践才能获得的经验。所以，试着定义最后责任时刻，并基于以往在这些时刻上的错误判断提高你的判断力。

这也意味着开发团队可以将一个尚不清晰的产品待办事项添加到 Sprint 中，以便在实现过程中加以明确。当开发团队有信心在 Sprint 期间实现某些东西时，它就为 Sprint 做好了准备。

1.1.5 产品负责人参与

在开篇场景中，产品负责人对开发团队的进度很感兴趣。她想知道他们所讨论的细节和做出的决策，这样她就能积极帮助他们。

许多产品负责人认为他们的主要职责是创建一个清晰透明的产品待办列表。为此，他们通常以用户故事的形式讨论和调整利益相关者的需要，并制定需求。然后，产品负责人和开发团队会简单讨论一下用户故事，对故事点进行估算。在 Sprint 计划会中，开发团队有最后一次机会提出需要明确的问题，然后必须做出承诺。

在 Sprint 之前固定产品待办事项是有违常理的，且通常会引发问题。开发团队试图明确所有的问题，这会增加精化产品待办列表的前期工作量。有些问题在开发团队开始工作之前不那么明显，所以在精化和估算过程中可能考虑不到这些问题。这就导致产品负责人以为每个问题都得到了回答，而开发团队却怀疑是否真是如此。

在 Scrum 中，产品负责人和开发团队应该尽可能多地协作以优化产品价值。首先，产品负责人要调整、整合利益相关者的不同需要。然后，通过精化活动来就产品待办事项的重要性建立一个相互理解。精化活动也明确了预期成果以及为了达到它需要做什么。

精化不会随着 Sprint 计划会结束而终止，而是随着问题的出现而持续。

如果产品负责人想要以这种方式协作，就要参与 Sprint 过程，要么与 Scrum 团队的其他成员离得近一点，要么就保证能够在 Sprint 过程中进行协作。无法一直在开发团队附近工作的产品负责人可以提供固定的咨询时间，例如：每天 9：00 ～ 11：30。另外，主题专家必须为团队服务，甚至在开发团队内部工作，这样他们就可以在 Sprint 期间回答一些特殊问题，专门制定问题的解决方案。只要他们不是充当产品负责人和开发团队其他成员之间的传声筒，这种安排就会有成效。

1.2　创建 Scrum 团队的透明度

Scrum 依赖于透明。

——《Scrum 指南》

（https://scrumguides.org/scrum-guide.html#artifact-transparency）

透明是建立 Scrum 的第一根支柱，这是定期检视和调整的前提。

Scrum 中的透明是通过工件创建的。产品待办列表、Sprint 待办列表和增量是实现经验控制过程所需的最低透明度。通过它们你可以了解过去、现在和未来的情况。团队通常需要额外的方式来创建透明度，然而，不同的团队与不同的场合所需要的方式会不同。每个 Scrum 团队都必须找到为其场合和需求创建透明度的最佳方式。

Scrum 团队在产品待办列表精化活动中坐在一起讨论产品待办列表。产品负责人描述了一个她希望实现的功能。

“随着新的注册流程的实行，我们现在需要找到能与患者共享这些数据的方法。”她说，“为了实现这一点，我准备了一些屏幕展示的草图，以及患者和医疗办公室间的合作方式。我们的平面设计师已经把它们放到用户界面设计中，你们可以通过这些来实现功能。我已经在产品待办事项中详细描述了这一工作过程。你们都看过了吗？”

“我看了，并且团队昨天在午餐时讨论了这个功能。”一位开发人员说道，“根据目前的描述，这是一个非常大的功能，需要几个 Sprint 才能实现。我们如何确定这真的是我们的客户想要的工作方式呢？”

“我和我们的几个重点用户谈过，他们对自己的患者非常了解。他们给了我详细的需求文档，这些文档已经附在了产品待办事项中。”产品负责人有点不耐烦地说。

1.2.1 假设驱动的产品待办列表

产品待办列表包含了你当前认为产品必需的所有内容。有趣的问题是，你怎么知道这些真的是必需的？许多产品负责人要求他们的客户和利益相关者更好地了解市场及其需要，这是一件好事。但如果将这个输入视为给定的需求，就会出现问题。

“需求”这个术语表明你已经知道需要什么以及它的运行方式。它会让你相信，本来还不存在的事情是有确定性的。这通常有两种后果：

- ❑ 你的假设不会被质疑和证实。你认为提出具体需求的人最了解情况，并按照他或她的要求去做。
- ❑ 你常常在一个解决方案上花了太多的精力，因为你认为这是最后一个。你试着在第一次就把事情做好，而不是浪费时间和精力在复查工作结果上。

这些后果共同导致解决方案在满足客户或用户的需要时效果不佳或实在没什么帮助。我们鼓励与我们一起工作的产品负责人将产品待办事项视为假设。假设是需要被验证的猜想，它可能是错误的，因此我们不想花太多精力去构建它。

对于前面场景中描述的 Scrum 团队，一种更好的工作方式是创建一个描述该问题的小而简单的产品待办事项。基于这个问题，团队可以提出一个他们想要验证的假设。这个假设可以是关于数据共享的流程，也可以是关于患者与医疗办公室所需的用户界面。然后，在产品待办事项中，以预期成果的形式表述验收标准。Scrum 团队可以使用以下问题来选定产品待办事项：我们如何判断我们的假设是对的还是错的？预期的成果是什么？我们如何度量它？

这种做法在多个层面上创建了透明度。最显著的层面是开发团队创建了有关其工作的透明度。它还使期望从产品待办事项交付中取得的预期结果或成果变得透明。团队描述了引导其后续行动的可度量结果。

1.2.2　产品待办列表驱动对话

如前所述，我们经常看到的另一个问题是产品负责人在产品待办事项精化活动中对讨论的处理。她为开发团队提供了详细的描述。这有什么问题呢？产品待办列表不是一种创建透明度的方法吗？

是的，产品待办列表使日后的工作变得透明。然而，它不应该取代对话。一个似乎没有留下任何开放的问题的产品待办事项并不会触发对话。人们会认为待办事项描述是完整和正确的。

产品待办事项通过协作来促进对话。参考下面的例子：

产品负责人和开发团队坐在一起精化产品待办列表。产品负责人准备好了一个她想与团队讨论的产品待办事项。她已经与相应的利益相关者讨论了用户需求，并通过一个描述性标题和一小段需求说明创建了一个产品待办事项。

“好吧，从你的说明来看，这个功能是为医生办公室的工作人员服务的，对吗？”一位开发人员问道。

“是的，没错。安排预约的工作人员希望向医生提供他们从患者那里收集到的一些信息。”

“什么类型的信息呢？”

产品负责人解释说：“当患者描述他为什么要看医生时，前台工作人员会询问患者的疾病类型、患病时间以及症状。对于定期预约，他们还会询问患者自上次就诊以来的健康变化情况。如果接待员能够将这些信息添加到医生现有的数据中，那就太好了。”

“没问题。我们可以用不同的颜色或加粗字体显示最新的数据。”前端开发人员建议说。

> “让我们先试试加粗字体。我将把它添加到待办事项中。”产品负责人说。
>
> Scrum 团队继续明确这个产品待办事项，并记录他们一致同意的相关信息。这个产品待办事项还没有准备好在这个 Sprint 中进行开发，因此开发团队和产品负责人将在下一次精化活动时对其进行进一步讨论。他们发现它太大了，不能一次完成，所以把它分成了三个可以独立开发的小待办事项。三周后，第一个待办事项就成为开发团队的 Sprint 待办列表中的一部分，且可实现。

在几天（有时是几周或几个月）的时间里，与不同受众在不同层面上的对话会带来一些重要见解：

- 需要些什么
- 这个产品会是什么样子
- 团队如何验证它是否有价值
- 它需要多少工作量

这些对话创建了透明度，并不断地为产品待办列表增加透明度，加深了 Scrum 团队内部和外部的共识。

> 在产品待办列表精化会议中，Scrum 团队讨论了对一个已经讨论过几次的一个产品待办事项的一些小改动。
>
> “这里面的价值在哪里？”其中一个开发者问道，“这些小的功能更新迫使我们为了非常小的改动而去触碰源代码的不同部分。”

> “我们必须处理这么小的产品待办事项吗？”另一个人补充道。
>
> “嗯，我们的产品待办事项必须很小，否则无法完成它们所带来的风险就会增加。”Scrum Master 解释道，“还记得我们的第一个 Sprint 吗？当时在 Sprint 结束时有很大一部分预测都没有完成交付。”
>
> 产品负责人插话道：“对我来说，将产品待办事项精化得足够小从而方便你们处理的工作量是相当大的。”她继续说道：“说实话，安排更大的工作项目并让你们来想办法交付，对我来说会更容易。但是，当我们两周前谈到这个功能时，你们说它太大了，无法在一个 Sprint 中实现。所以我们把它分成了不同的产品待办事项。”

1.2.3 着眼于大局

上述场景中的讨论很常见。许多团队都在努力平衡产品待办事项的大小并且着眼于大局。通常情况下，产品负责人的脑海中有这样一个大蓝图，但在产品待办列表中是看不见的。

一个好的解决方案是在产品待办列表中保留较大的产品待办事项，即较小的待办事项的“父待办事项”。这些较大的待办事项有助于传达产品负责人试图实现的更大目标。它们应该解释它们可实现的价值。较大的产品待办事项就像产品待办列表中的灯塔一样，为 Scrum 团队和利益相关者提供指导。它们通常不描述具体的功能。

由于这些产品待办事项的规模较大，因此它们本身永远不会被开发团队拉入 Sprint。但是，从这些父待办事项精化出来的较小的产品待办事项可以被进一步明确和精化，并被拉入一个 Sprint 进行实现。产品负责人可以在每个 Sprint 之后决定当前子产品待办事项的总和是否足以达到父待办事项的目标，或者还需要做更多的工作。

如果中期指标或目标很难放到产品待办事项中，那么产品负责人可能要制定一个目标，并将该目标添加到较小的产品待办事项中。重要的是整个 Scrum 团队都能看到并理解全局。

有时情况会比前面所描述的更糟糕。有些产品负责人看不到全局。他们将自己视为“产品待办列表的管理者”，职责是收集不同利益相关者的需求，并将其传达给开发团队。如果是这样，那么产品负责人最重要的目标和担任这个角色的唯一理由——优化产品的价值——是无法实现的。如果产品负责人没有看到和理解全局，那么他将如何优化?

组织必须纠正这种失调的情况。产品负责人需要被授予优化产品价值的权力。他们需要知道价值对他们的客户和利益相关者意味着什么。他们在产品待办列表中增加这个价值的决策必须得到尊重。

1.2.4　产品待办事项需要创造价值

接下来的主题通常会提到前面所描述的缺失的全局观。开发团队以及利益相关者经常抱怨他们看不到产品待办事项的价值。这是有问题的，竟连待办事项为何要实现都没能明晰。如果不清楚为什么需要一项功能，那么就很难交付最佳的解决方案。

为避免这种情况，团队需要一个有能力并且能在场的产品负责人。有能力的产品负责人能够描述产品创造的整体价值。他们能够定义为了增加价值而需要实现的最高目标。在场的产品负责人离 Scrum 团队和利益相关者足够近，方便解释这些价值主张。他们也能在那里重复这个价值主张，以便将它坚持下去。

产品待办事项所创造的价值应该能从它本身反映出来。这可以是用户故事的“以便于……”部分[⊖]，用户通过这个部分描述这个待办事项的目的或他试图实现的目标，也可以是添加到产品待办事项中的一组可见且突出的产品目标。我们的客户之一把产品最重要的五个目标写在了团队房间的白板上。对于每一个产品待办事项，产品负责人详述了这个待办事项能帮助实现的一个或多个目标。如果某个产品待办事项不支持任何目标，那么将会明确讨论是否需要以及为什么需要这个待办事项。

> 在第二天的每日站会中，开发团队讨论了在 Sprint 待办列表中的工作。
>
> “今天我将开始预约逻辑方面的工作，”一个开发人员说。“这可能会让我这一周都很忙。”
>
> “好，我来做预约的用户界面。只要你准备好了，我们就可以整合到一起。”另一人说道。
>
> 团队成员逐一告诉他们的同事今天计划做什么。有时他们的 Scrum Master 会用一个问题打断他们。“我不明白，下一步你将处理哪项任务？我想在我们的任务板上更新它。”
>
> 11 分钟后，每个人都更新了当前的工作，每日站会结束了。

⊖ 用户故事通常按照如下的格式来表达：作为一个 <角色>, 我想要 <活动>, 以便于 <商业价值>。——译者注

1.2.5　Sprint 待办列表不仅仅是一个任务板

这个场景对于许多 Scrum 团队来说是非常典型的。开发团队和 Scrum Master 一起详细规划他们接下来一天的工作。每日站会中的讨论似乎很有用，但是，也有一些潜在的问题。

我们经常看到的是 Sprint 待办列表只是一个任务板，而这本身并不坏。

> Sprint 待办列表展现了开发团队为实现 Sprint 目标而确定的所有工作[㊀]。
>
> ——《Scrum 指南》
>
> （https://www.scrumguides.org/scrum-guide.html#artifacts-sprintbacklog）

是的，任务板为开发团队计划执行的工作创造了可视性。但我们从哪里可以看到团队正在努力实现的首要目标呢？从一个只是任务板的 Sprint 待办列表上通常看不到目标。

Sprint 待办列表还应突出显示 Sprint 目标，围绕工作的讨论应考虑到 Sprint 目标。这样前一幕中的讨论很可能就变了。

人们会提前讨论他们的工作内容，以及这些工作将如何帮助实现 Sprint 目标。

在这些讨论中呈现 Sprint 目标的最简单方法是将其添加到 Sprint 待办列表中。对于墙纸这种实体的待办列表，这只是一张包含 Sprint 目标的更大的纸。大多数字化 Sprint 待办列表工具都能添加元信息，有些甚至能够保存 Sprint 的 Sprint 目标，然后在 Sprint

㊀ Sprint 待办列表是开发人员制定的计划。它是开发人员在 Sprint 期间为实现 Sprint 目标而计划完成的工作，是一个高度可视且实时的工作画面。——译者注

待办列表中显示出来。

通过添加 Sprint 目标，开发团队可以按照《 Scrum 指南》来满足 Sprint 待办列表中的需求。Sprint 待办列表包含了为该 Sprint 选择的产品待办事项。还描述了关于交付产品增量和实现 Sprint 目标的计划。因此，它谈到了该 Sprint 的 Why（为什么）、What（做什么）和 How（怎么做）。Why 和 What 由 Sprint 目标和选定的产品待办事项体现。而交付这些产品待办事项的计划通常被描述为开发团队的工作内容，体现的是 How。

通过朝着 Sprint 目标努力，开发团队还可以在发生不可预见的问题时调整 Sprint 的范围。随后他们可以与产品负责人协作来决定如何变更 Sprint 范围，以便仍然能够达成 Sprint 目标。

1.2.6　应该由谁来更新 Sprint 待办列表

也许你在前面的场景中已经注意到了这一点：Scrum Master 更新 Sprint 待办列表。为什么由她来做呢？难道开发团队不能在 Sprint 中更新其工作计划吗？这也是我们在 Scrum 团队中会经常看到的模式，尤其是当 Sprint 待办列表作为一种进度报告时（参见 1.2.8 节）。那么为什么这是一个问题呢？

Sprint 中的工作由开发团队负责。他们负责交付可发布的产品增量，还负责创建和执行计划，以达到 Sprint 目标。他们是一个自组织的团队，能够完成所有这些工作。

如果 Scrum Master 负责更新开发团队的 Sprint 待办列表，这通常表明 Scrum 团队还没有完全抛弃他们原有的角色和行为。在传统的项目中，项目经理通常会将工作包分配给人们，然后由项目经理跟踪这些工作包的完成进度，并向管理层汇报。

这抛弃了自组织，导致了典型的指挥控制环境下的行为。开发团队的成员感受不到对自己的工作的责任感，因此也不太可能会对其负责。

1.2.7 Sprint 待办列表不应该被隐藏

至少我们的开发团队应该可以看到 Sprint 待办列表。通常情况下，问题始于这种可见性的缺失。当一个实体的 Sprint 待办列表被隐藏在一个没有人进入的房间的角落里时，Scrum 团队就失去了一个创造透明度的重要机会。对于 Scrum 团队以外的人来说，开发工作是一个黑盒，完全不可见。当然，对于只有 Scrum 团队可以访问的数字 Sprint 待办列表来说，情况也是如此。

为什么让 Sprint 中正在进行的工作具有可见性很重要？真的有必要让 Scrum 团队以外的人了解正在发生的一切吗？我们认为是的，这有助于对开发工作的内涵形成共同的理解。拥有一个可见的、可访问的 Sprint 待办列表有一些积极的副作用。

通过让每个对产品感兴趣的人看到进展和阻碍，你能够创造信任和信心。利益相关者可以看到你正在进行的工作和让你头疼的地方。他们可以理解开发团队在复杂环境中必须应付的不可预见的事情。也许他们甚至可以帮助开发团队克服问题。但他们需要看到目前的进展，以便这样做。

一个可见的 Sprint 待办列表也让 Sprint 目标变得可见，这让人们对开发团队当前的工作发表意见变得更容易。“我正在为我们的预约工作流程中的一个表单做用户界面”对 Scrum 团队以外的人来说，可能很难理解。相比之下，诸如“这个 Sprint 的存在是为了改进预约工作流程”这样的 Sprint 目标要清晰得多，因为它指出了业务需求，而不是技术任务。

> 在 Sprint 即将结束的时候，开发团队相比之前计划的工作有点落后。团队成员低估了其中一个产品待办事项所包含的任务量。这项工作花费的时间比预期的要长，现在他们必须找到一种方法来继续实现他们的 Sprint 目标和（可能）预测。
>
> “这个燃尽图看起来很糟糕，”其中一个开发人员抱怨道，“看起来我们好像三天都没完成什么工作了。”
>
> “燃尽图并不重要，”一位同事回答道，“我们的 Sprint 待办列表显示了 Sprint 期间真正发生了什么。它不是一个必须要好看的进度报告。当我们开始使用 Scrum 时，每个 Sprint 的燃尽图都很完美，但在 Sprint 结束时仍然没有一个可发布的产品增量。我更喜欢现在的情况，我们知道发生了什么，并专注于完成一些事情。”

1.2.8 Sprint 待办列表作为进度报告

第二个开发人员表达了一个非常富有经验的观点。许多开发团队试图尽可能频繁地完美交付他们的 Sprint 计划预测。有趣的是，这在很大程度上表明这项工作并不复杂，只是难处理而已，也就是该工作具有可预测性。

我们已经简要地讨论了 Sprint 待办列表作为进度报告这一主题。采用传统项目管理方式的组织经常试图达到他们的预测。这不足为奇，因为按时、按范围、按预算交付是传统项目团队的典型绩效评估标准，而这些传统的组织往往认为结果和质量不如时间、范围和预算重要。如果 Sprint 待办列表被视为衡量团队绩效的进度报告，那么团队可能会有意或无意地想让 Sprint 待办列表进度报告看起来很好，而不太关心要在 Sprint 结束时交付可发布的产品增量了。

Sprint 待办列表不是一个进度报告。它为开发团队为实现 Sprint 目标所做的工作创建了透明度。如果事情进展顺利，这将在工作中表现出来；如果开发团队使用待办列表，在 Sprint 燃尽图中也会有所表现。如果团队发现了未能预测到的问题并且必须做出反应，这也是可见的。然后，团队可以找另一种方法来实现其预测，或者讨论和协商范围，以便仍然达到 Sprint 目标。

1.2.9　工作燃尽图很少是完美的

将 Sprint 待办列表视为进度报告的模式通常所带来的另一个后果是促生完美的燃尽图。燃尽图显示的是随着时间的推移剩余的工作量。对一个 Sprint 燃尽图来说，通常意味着在 Sprint 的不同日子里剩余的工作量。每一项已完成的工作都将在图表上“燃尽”。

如果一个开发团队的表现是根据其 Sprint 的“成功”来衡量的，就可能会促生完美的燃尽图（如图 1.2 所示）。这里的成功通常意味着团队能够交付他们从产品待办列表中拉取的每一个待办事项，以及 Sprint 计划会上的预测。

在没有任何错误发生的情况下，这种燃尽是可能的。摇一对骰子 50 次，得到圆周率 π 的前 50 位数字，这也是可能的，只是不太切合实际。因此，如果一个开发团队偶尔遇到这种情况，那么这种好运值得开心和庆祝；如果这种情况经常发生，那么这是一个重要迹象，表明透明度受到了阻碍。

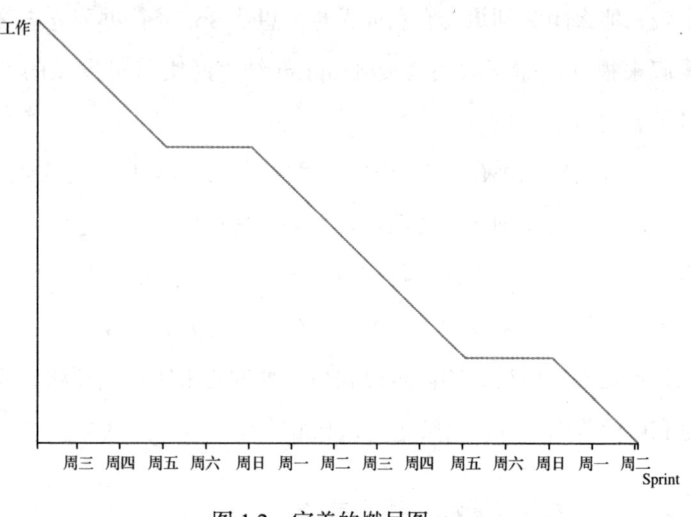

图 1.2　完美的燃尽图

Sprint 燃尽图就像 Sprint 待办列表一样，为工作和 Sprint 目标的进展创建透明度。如果缺乏透明度，开发团队可能无法正确评估其当前情况。因此，燃尽图没有好坏之分，它只是一张图。

1.2.10　防止 Sprint 待办列表过时

与具有完美燃尽图的 Sprint 待办列表进度报告相反的是过时的 Sprint 待办列表。它指的是在 Sprint 计划会上创建随后又被遗忘的待办列表。通常，在 Sprint 快结束时，会有人清理看板，将所有条目移到“完成”栏或将它们从看板上全部去除。

像这样的 Sprint 待办列表并不能创建透明度和可见性。简单来说，这是一种浪费——浪费了创造和清理它所花的时间和精力。

过时的 Sprint 待办列表就像是一个你从来不会为了调整驾驶状态而查看的汽车仪表盘：你不会知道你的车速有多快，燃油灯是否在闪，你也不会知道是否需要换挡（如果你像我们德国人一样依然喜欢手动挡汽车）。

过时的 Sprint 待办列表（在我们看来）比没有 Sprint 待办列表还要糟糕。如果不存在 Sprint 待办列表，至少没有人会依赖它所显示的信息。过时的 Sprint 待办列表不仅降低了透明度，还显示了错误的数据。

我们通常会问那些不积极使用 Sprint 待办列表的团队为什么不用，我们想要了解为什么 Sprint 待办列表没有为他们提供价值。然后我们想让 Sprint 待办列表再次拥有价值。

如果一个开发团队只有专业成员，他们在 Sprint 中只做自己那部分的工作，那么其他人工作的可见性可能就没有什么用处了。这些团队不协作，通常不具备足够的跨职能能力。他们只专注于完成任务而不是实现 Sprint 目标。我们试图帮助这些团队变得更加跨职能，学习如何为共同的目标而协作。

有时候团队只是在 Sprint 待办列表管理中使用了（或不得不使用）错误的工具。紧密协作的团队往往看不到使用数字化工具管理 Sprint 待办列表的意义。如果管理层强制他们使用，他们往往会忽视它。对于想要使用数字化 Sprint 待办列表却被强制使用便利贴和笔的团队来说也是如此。

一旦你发现了不使用 Sprint 待办列表的原因，那么恢复它的价值通常是相当简单的。

“这很好，”市场部领导说，“我们需要多久可以把它交给我们的客户？”

“对我们来说，只需按下一个按钮就可以把这个版本带入生产，”一位开发人员回答道，“这个增量目前正处于我们的集成阶段。我们只需要把它部署到生产中，它就可以上线了。”

产品负责人插话说：“是的，我们可以很容易地部署它。问题是，我们应该现在就做吗？这个增量是否已经为我们的客户和我们自己提供了足够的业务价值，证明了其值得发布？”

“如果不把它展示给我们的客户，我们怎么能知道呢？”市场部领导反问道。

“有道理。让我们开始吧。”

1.2.11 完成代表着可发布

Scrum 中最重要的工件是可发布的产品增量。这是我们在 Scrum 中投入的所有工作的唯一理由。它为我们的假设提供了透明度。我们的假设正确吗？我们的客户和用户想要我们提供的功能吗？他们从中获得了价值吗？

这些问题在实验室里是无法回答的。因此，将产品投入生产使用是必不可少的。它让我们跟客户和用户的反馈回路形成了闭环，并告诉我们下一步应该在哪里集中精力。

在 Scrum 中，“完成”是非常重要的。“完成”意味着可发布，而可发布意味着开发团队为生产使用提供产品增量所需要做的一切都已完成，这通常包括产品内部和外部的测试和验证，还有生产使用所必要的大量文档。在受监管的环境中，可发布可能还意味着需要针对法律、规范或外部审计进行特殊验证或测试。

在过去的 20 年里，软件开发中的许多创新都来自这样一种理念，即我们需要能够在较短的迭代周期内交付可发布的软件。如果我们回头看看 21 世纪初的典型客户，就会发现这并不像今天这样理所当然。几个月的开发周期是常态，而不是例外。

其他行业可能会效仿，并找到自己的战略战术以实现增量交付，不管他们对“完成”的定义是什么。

1.2.12 度量和验证产品的价值

透明本身并不是一个目标，而是一个先决条件。你需要透明的数据来度量结果和验证你的假设。但是，你应该度量什么？如何验证你的假设？

透明是一个先决条件，目标是另一个。目标告诉你要验证什么，将目标和收集的数据一起使用就可以度量正确的东西：你的度量指标。这些主题与产品负责人相关，因为他负责优化产品的价值。

为了确定相关的度量指标，产品负责人应该着眼于产品愿景。愿景以及它的质量目标[⊖]代表了产品的最高层次的假设和价值主张。如果可用性和人体工程学是关键质量目标，产品负责人应该找到度量它们的方法。这可能会很困难，因为这些目标通常是定性与主观的。尽管如此，这也是必要的。

⊖ 一个产品的最高质量判据（最多 3 到 5 个）是它的质量目标。对于软件产品，ISO/IEC 25010（以前的 ISO/IEC 9126）定义了质量标准。

你可能需要问客户他们喜欢你产品的哪些方面，以及产品可以改进的地方。通常，客户和用户并不知道他们想要什么，也不知道他们为什么喜欢这个产品。因此，你还必须监控他们对产品的使用情况。你需要度量他们使用了什么功能，是在什么时候使用的以及如何使用的。你需要以略有不同的形式交付功能，并度量哪种形式被使用得更频繁或时间更长。

如果没有找到能够帮助你度量质量目标以达到产品愿景的度量标准，那么你将回到易于收集和分析的指标。问题是，它们可能对验证你的假设没有帮助。《精益创业》（*the Lean Startup*）一书的作者埃里克·莱斯（Eric Ries）将其称为“虚荣指标”。

虚荣指标是危险的。

——埃里克·莱斯，《精益创业》

我们将在第 6 章中更多地讨论帮助度量业务价值的度量指标。

1.3 总结

在本章中，我们见到了我们的 Scrum 团队。我们看到他们作为一个团队和他们的利益相关者以各种方式进行协作。我们还看到了他们如何使用 Scrum 工件来创建透明度以实现他们的目标。

通常，我们需要一定时间才能到达对 Scrum 这样专业和精通的阶段。在下面的章节中，我们将描述能帮助你到达该阶段的潜在方式、理念、实践和工具。

第 2 章 常见问题

在本章中，我们来回顾一下我们的 Scrum 团队经历的第一个 Sprint。许多团队难以适应从使用传统项目管理方法到敏捷开发的工作方式的转变。这种情况在一些反复的模式中可见，我们将在本章中加以描述。这些模式通常表现为一个组织或团队声称“ Scrum 不起作用”。当我们更仔细观察他们的具体情况时，我们发现 Scrum 确实因为各种障碍而无法在他们所在环境下起作用。幸运的是，许多障碍是可以解决的，我们将为你描述这些解决方案。

描述这些团队所经历的很多问题的术语是“机械式 Scrum”。它指的是一个组织及其 Scrum 团队不理解 Scrum 框架的基本原理意图，机械地使用它。机械式 Scrum 有时也被称为“脆弱式 Scrum”[⊖]或“僵尸式 Scrum”。陷入机械式 Scrum 的组织会发现他

⊖ https://www.martinfowler.com/bliki/FlaccidScrum.html。

们的 Scrum 事件是空洞的仪式，缺乏真正的目的。他们很难理解 Scrum 的元素以及将它们结合在一起的规则。如果组织的思维模式和对 Scrum 的理解与敏捷的思维模式相冲突，可能导致严重的后果㊀。

由于邓宁 – 克鲁格效应（Dunning-Kruger effect）㊁，组织也在与 Scrum 斗争。邓宁 – 克鲁格效应是一种认知偏差，即有能力的人往往低估自己的能力，而没有能力的人往往高估自己的能力 [Dunning]。这里的能力指的是有关某一特定领域的知识和技能。在我们的示例中，特定领域就是 Scrum。相对缺乏经验的团队高估了自己执行框架的能力，并且经常做出错误的决策。

本章将描述组织和团队经常缺乏的基础知识。这些缺乏的基础知识为 Scrum 团队创建了一个不合适的运行环境。然后，我们将讨论一些常见的对 Scrum 的误区，这些误区导致 Scrum 没有成效。最后但非常重要的是，我们将讨论一些 Scrum 团队所犯的常见但可避免的错误。

造成机械式 Scrum 的根本原因

机械式 Scrum 是我们今天最常见的组织功能失调现象。尤其是较大的组织，当他们只是尝试使用 Scrum 而不是想要变得敏捷时，就会落入圈套。在尝试实施 Scrum 的过程中，他们关注的只是基本要素和规则，而忽略了 Scrum 背后的价值观和原则。

㊀ 参见道格拉斯・麦格雷戈的《企业的人性面》[McGregor 05] 中的第 3 章和第 4 章。

㊁ 邓宁 – 克鲁格效应是指能力欠缺的人在自己欠考虑的决定基础上得出错误结论，但无法正确认识到自身的不足，辨别错误行为，这是一种认识偏差现象。这些能力欠缺者们沉浸在自我营造的虚幻优势之中，常常高估自己的能力水平，却无法客观评价他人能力。——译者注

这在那些倾向于要求明确而有力地划分管理权限的组织中尤为普遍。在这样一个组织中工作的人习惯于这样的规则及其带来的安全和稳定。职位描述对一个人的职责描述得非常清楚，但这往往只是一个更大的增值过程中的一小部分。而且，规则和结构的僵化往往会随着时间的推移而变得更糟。如果出现过失，组织会本能地检索缺失的规则，然后找到它并创建一个新的规则来防止将来发生同样的过失。

Scrum则不同。它的规则很少，并且只定义了它认为在每个sprint中交付“完成”产品增量的绝对必要的规则。在Scrum中指导我们的是价值观和原则，而不是随着时间而形成的严格规则集。

机械式Scrum的组织将真正的Scrum视为具有破坏性的。真正的Scrum动摇了他们的信念，常常会给他们造成一种不安全、不稳定的感觉。然而，为了获得Scrum所带来的好处，适应这种不稳定性是有必要的。

流程的改变，这个“改变”也就是“我们此时的做事方式的改变”，首先需要的是文化方面的改变。不幸的是，文化比流程更难改变。好消息是，流程的改变可以使功能失调的文化方面变得透明，这些方面可以随着时间的推移而改变。

2.1 缺少基础知识

这是我们Scrum团队的第三个Sprint。公司CEO和Scrum

Master 讨论了他们实施 Scrum 的进展。CEO 很失望，因为没有取得他预期的成功。

"你知道我们还需要做什么吗？"他问道，"我们团队中有非常优秀的人，并且给他们提供了良好的设备。你预计我们什么时候能看到 Scrum 团队的成果？"

"是的，没错。站在外部视角看，我们拥有我们所需要的一切，但我们仍然步履维艰。从我们上次 Sprint 回顾会中讨论的内容来看，我不认为有什么障碍在阻碍我们。但看起来更像是有一些常规问题在阻碍我们日常实施 Scrum。"

CEO 试着去理解 Scrum Master 所说的这句话的含义，他问道："你能说得更具体些吗？"

"嗯，我认为我们的团队成员需要更好地去了解彼此。我们中的大多数人以前从来没有相互合作过。我认为我们要想成长为一个团队还需要一些时间。"

"我明白了。但我需要尽快看到结果。我们原计划让 Scrum 在 3 个月内以最佳状态工作，我不想被迫终止这个尝试。根据我们当初考虑使用 Scrum 时的估算，你们的速率和产出现在应该已经提高了。"

2.1.1 Scrum 的早期失误

这是我们在许多组织中能看到的典型场景：他们试图将 Scrum 作为一个项目来实施：完成目标、预算和带有里程碑的路线图。他们认为 Scrum 就像是一个可以简单安装并开始使用的工具，就像一个新的群聊工具。

Scrum 是一个为复杂的适应性问题提供交付方案的框架，这些问题本质上是不可预测的。正如不可能预测解决这些问题的时间线、里程碑和预算一样，也不可能预测适应 Scrum 的时间线、里程碑和预算。事实上，“适应 Scrum”本身并不是一个目标，真正的目标是解决复杂而不可预测的问题。Scrum 只是用来帮助实现这一目标的辅助工具。这意味着，根据定义，你不能完全“完成”Scrum 的实施，就像你不可能完全完成学习一种乐器一样，你必须练习和演奏才能达到熟练的程度。

组织很可能必须适应这种不同的工作和解决问题的方式。旧的信念、结构和流程经常阻碍 Scrum 所需的协作与反馈的数量和强度。如果我们可以谈论“安装 Scrum”，那么它将应该是一个新的思维方式的安装，而不是一个简单的工具。它将是价值驱动的，并基于非常简单的原则。它肯定不会按照我们可以检查里程碑的预定义路线图来实现。

那么，你应该如何开始 Scrum 呢？你尽管开始吧。前提是你有一个真正想要实现的目标，对于这个目标除了凭经验主义[⊖]工作外，别无他法。然后设置 Scrum 元素、角色、事件和工件，并开始 Scrum。在每次的 Sprint 之后，讨论一下在实现目标的过程中什么帮助了你，什么阻碍了你。多做一些能够帮助解决障碍的事情。

最后一点特别重要，因为在大多数情况下，解决障碍的能力往

⊖ 经验主义主张知识源自实际经验以及根据当前观察到的事物做出的判断。——译者注

往超出 Scrum 团队的能力范围。周围的组织需要通过移除障碍和帮助改进架构与流程来支持 Scrum 团队。你可能希望看到第 8 章和第 9 章的内容，在这两章中，我们将讨论 Scrum 中的组织和管理的角色。

> 开发团队的一名成员在每日每日站会之后找到了 Scrum Master。
>
> “您能和我们新来的后端开发人员谈谈吗？就是从另一个团队来支持我们的那个人？在每日站会中，他总是会说自己将会做什么，但随后又会被他的前同事分心，他的前同事们会用与我们的 Sprint 毫无关系的工作来打扰他。”
>
> “你跟他谈过这件事了吗？”Scrum Master 问道。
>
> “没有，我不太了解他，还是您来解决吧。毕竟，您是我们的 Scrum Master。”
>
> “我想你最好先试着亲自去跟他解决这个问题。我相信他会很感激你的关心。也许你甚至可以帮助他专注于我们的 Sprint。”
>
> “您真这么觉得吗？但我该怎么开口呢？”
>
> “我可以帮你。我们一起去散个步，讨论一下这个问题吧。”

2.1.2 缺少共同的价值观

这是许多 Scrum 团队中都会出现的典型场景：团队成员在困难的情况下向 Scrum Master 请求支持。这很正常，因为 Scrum Master 对 Scrum 的规则和价值观负责，并帮助实现持续改进。但是，我们场景中的 Scrum Master 拒绝干涉。他的拒绝是正确的吗？我们认为是正确的。Scrum Master 是服务型领导者[一]，应该首先帮助 Scrum 团队和周围的组织增强自组织和责任感。

这个场景还说明了当 Scrum 团队没有采用正确的价值观时会发生什么，其中最重要的价值观是

- 专注
- 开放
- 勇气
- 承诺
- 尊重

自 2017 年以来，这些价值观就正式成为 Scrum 的一部分，但在此之前的许多年里，这些价值观就被认为是必要的。它们提供了构建 Scrum 的基础，不接受这些价值观的组织永远不会超越机械式 Scrum。

那么，在这个团队中发生了什么，它与 Scrum 价值观有什么关系？作为谈论对象的后端开发人员显然很难保持专注。

在 Scrum 中，专注是至关重要的，它帮助我们把精力集中在开发和验证下一个最有价值的假设上。它也帮助我们完成已经开始的工作，并且不会在当前工作出现小障碍时就开始一个新的工作。如果没有专注，我们就会看到前面描述的情况：团队成员计划做特定的工作，但却无法跟进他们的计划。

这个后端开发人员似乎也缺乏承诺。当他以前的同事需要他的时候，支持他们是好的，但当这种支持阻碍他为当前的 Scrum 团

[一] Scrum Master 是真正的领导者，服务于 Scrum 团队和作为更大范围的组织。——译者注

队工作时就不对了。承诺需要来自内心。

当我们承诺做某件事时，我们会完全服务于它，这意味着我们必须对其他的事说不。承诺有助于我们保持专注。

请 Scrum Master 与后端开发人员调解的那位同事也可以提高她的开放和勇气。

开放有许多不同的形式。Scrum 团队需要对变化持开放态度，并且对彼此保持开放。在本例中，Scrum Master 鼓励这个团队成员对后端开发人员更加开放。她让这个团队成员去直接坦然地商量她所观察到和希望的事情，而不是通过 Scrum Master 去调解。这种开放将增强团队的自组织能力，也减少了发生冲突的可能。人们在相互交谈时通常比在谈论他人时产生较少的误解。

这样的开放是需要勇气的。接近某人并让他按照我们所希望的行为做出改变是很难的。然而，这种勇气在 Scrum 中是必不可少的。我们必须经常讨论困难的话题和不同的观点。保持沉默很容易，但如果我们这样做，就不会有任何改善。

这个 Scrum Master 已经做了她应该做的事情，帮助 Scrum 团队成员变得更加开放，展现出勇气，提高 Scrum 团队的自组织能力。她也为增加互相尊重打开了一扇门，因为与同事就一个困难的话题进行开诚布公的、面对面的对话，比与其他人谈论他的行为更有礼貌。

在 Scrum 中，Sprint 回顾会为 Scrum 团队提供了机会，来一个识别具体的改进行动。组织还应该在 Scrum 环境之外进行定期回顾，以持续改进他们的工作方式。

如果你发现你的团队或组织存在问题，那么试着找出 Scrum

价值观中没有得到支撑的地方。找出罪魁祸首并不重要；相反，应该关注 Scrum 价值观如何帮助预防和纠正已识别的问题。解决这些违规行为与找到一条回归价值驱动行为的道路意味着要从根本上解决问题，而不是治标不治本。

> 在 Scrum 旅程开始时，Scrum 团队遇到了一个常见但严重的问题：他们没有产品愿景。因此，产品负责人很难搞清楚她的产品待办列表。她问 Scrum Master："我应该如何对产品待办列表进行排序？所有的产品待办事项都很重要，我们必须全部交付。先做哪一个并没有什么区别。"
>
> Scrum Master 试图解释道："产品待办列表不是按重要性或优先级排序的，而是按业务价值排序的。所有这些产品待办事项对客户来说价值都一样吗？"

2.1.3 缺少产品愿景

当没有经验的产品负责人开始在 Scrum 团队中工作时，他们通常很难对产品待办列表进行排序。他们一般来自这样一种环境：在这种环境里，项目的成功（某种程度上）是通过交付预定义的范围来定义的。因此，成功是二元的：要么交付指定的功能，要么不交付。

Scrum 则不同。Scrum 团队处理产品待办列表，即"是一份涵盖产品中已知所需每项内容的有序列表"[⊖]。更重要或更有价值的待办事项位于产品待办列表的顶部；价值较小的待办事项在列表上排

[⊖] https://www.scrumguides.org/scrum-guide.html#artifacts-productbacklog。

名靠后。但有价值是什么意思呢？

这就是产品愿景变得重要的地方。我们试图用 Scrum 解决的复杂的适应性问题包含一个我们设想的目标状态。我们所采取的每一步都应使我们更接近这一目标。有些步骤会帮助我们朝着这个目标取得更大的进展，而另一些步骤只会做出较小的贡献。为了给产品待办列表排序，产品负责人将代表朝着目标迈进更大一步的待办事项放在产品待办列表的更高位置。

为了帮助组织产品待办列表，新的产品负责人应该采取的第一步是定义或梳理产品愿景。产品负责人所做的关于价值的每一个决策都应该基于这个愿景。拥有一个强大的愿景也使与利益相关者讨论和提出特定的产品待办列表排序更容易。当这些决策基于支持产品愿景的假设时，那些只看到他们对产品特定领域感兴趣的利益相关者通常可以接受待办列表的排序决策。

> “我们想把这个功能拖到‘完成’，但我们无法测试它，因为我们没有一个可以安装软件和运行测试的专用环境。”
>
> “那我们为什么不自己配备一个测试环境呢？”
>
> “因为我们没有在测试基础设施上创建环境的管理权限。”
>
> “难道我们不能用一台旧电脑来运行测试吗？”
>
> “理论上是可以的。但我们需要获得测试框架的许可证，而这只有 QA 才能购买。”

2.1.4 缺少跨职能特质

我们常听到这样一句话：Scrum 环境中的开发团队负责在每个

Sprint 交付可发布的产品增量，但他们并不具备交付的所有知识、技能或权限。因此，一些对交付可发布产品增量而言至关重要的工作并没有在 Sprint 结束时完成。如果产品负责人真的想要发布产品增量，则需要进行额外的工作。现实是 Scrum 团队未能实现可发布的产品增量。

如果 Scrum 团队是真正的跨职能团队，那么就拥有在每个 Sprint 结束时都能够发布产品增量的所有知识、技能和权限。如果开发团队不具备创建这种可发布性所需的所有的专业技术，那么“完成”将无法实现。但专业技术从何而来呢?

如今大多数组织的组织方式都是将专家集中在各自的部门。他们将业务分析师、图形设计师、前端开发人员、电气工程师、测试人员、运维工程师等分类成组。这种按专业进行的分组可能在技能的标准化和角色的专业化方面具有优势。然而，它削弱了组织将各专业部门的工作整合成最终产品增量的整体能力。它还分散了问责制，因为每个人都做了“他们自己的”工作，没有人觉得要对总体结果负责。

为了发挥使用 Scrum 的优势，组织需要从专门技能的优化转向整体结果的优化。在一个跨职能的团队中，每个团队成员都可能会有工作不尽如人意的时候[⊖]。以整体形式来进行规划，彼此之间相互合作、相互学习、相互帮助能减少个人花在“真正”工作上的时间。但这种“虚幻”的工作能够确保团队在 Sprint 结束时呈现一些有价值的内容。最后，尽管局部团队成员个体层面不那么理想，

⊖ 我们认为，“在大多数或几乎所有时间里，专家只在专门的环境中工作是最佳的”这个假设是错的，但这并不是此处的主题。

但对整体进行优化可以产生更好、更快的结果。

形成跨职能团队的第一步是为 Scrum 团队配备创建可发布产品增量所需的各个领域的专家，让团队具备能形成改善客户体验这一理念所需的所有技能，并将该理念贯彻到使客户受益的点子上。如果做不到，就去识别需要做些什么才能使其成为可能。

从长远来看，许多组织会意识到他们需要一种不同的组织方式。实践社区是跨职能团队分享经验、提高技能和促进标准化（如果需要的话）的一个很好的方式。

跨职能无法一下就实现，这并不奇怪。相反，你必须找出团队缺少哪些领域的技能。然后，通过引入新的团队成员的方式或帮助现有的团队学习新技能的方式，逐步帮助团队获得这些技能。在一段时间内做一系列小的改变，可以带来巨大的改进。

2.1.5 缺少自组织特质

也许你已经意识到，在我们描述的场景中，跨职能并不是唯一受到阻碍的事，开发团队似乎也不是真正自组织的。他们没有权限和手段来搭建其工作环境以及决定团队的工作方式。这依赖于团队之外的能够创建测试实例的人。

就像不充分的跨职能一样，违反自组织也可能是一个大问题。通常影响是一样的。我们在团队中看到阻碍他们自组织的主要问题是缺乏责任感和缺乏动力。

丹尼尔 · 平克在他的《驱动力》一书中描述了自主性是认知工作动机的一个关键因素 [Pink11]。自组织的团队对他们的工作、工具和流程拥有自主权。

那么，什么是自组织呢？

让我们从自组织不是什么开始。它不是没有秩序。我们经常听到客户说他们不能做决定。有时候“不能做”会被理解为“不想做”。他们中的许多人应该说的是“他们不被允许做决定。”

自组织需要边界。每个人都能进行，我们在日常生活中每天都会自我管理，受到各种边界的约束，比如物理定律、社会规范和规章制度。组织经常建立额外的边界，比如合同、职位描述和公司价值观等。

组织可以选择放宽或收紧这些边界。有些公司允许他们的开发人员选择自己想使用的硬件、操作系统和软件；有些公司则不允许。只要边界清晰，两种做法都可以。

就像跨职能方面一样，我们需要的是识别和解决工作环境中因缺乏自组织而阻碍我们实现目标的地方。为了提高他们的自组织能力，上述场景中的开发团队需要创建其开发和测试环境的权限和能力。这将使团队能够在每个 Sprint 中创建一个“完成”的、可发布的产品增量。如果团队不能一下做到这一点，就应该不断地朝着这个目标努力，一步一步不断地改进。

2.2 对 Scrum 的常见误解

在最初的几个 Sprint 之后，团队成员感觉到他们慢慢开始进步了。目前正在计划第四次 Sprint。

“上周，我不得不再次去支援营销部门的 Dan，”一位研发人员表示，“他需要一份报告，而我必须查询和准备数据。这中断了我在 Sprint 中的开发工作。在 Sprint 中，我们不应该被打扰。我们需要履行承诺。”

团队中的其他人同意消除干扰将有助于他们专注于计划在 Sprint 中要完成的工作。他们决定不做任何没有在 Sprint 计划会中通过产品待办列表添加到 Sprint 中的事情。计划会继续进行，他们选择他们认为将在 Sprint 中交付的产品待办事项，并建立一个如何交付它们的计划。

最后，他们的产品负责人问道：“好吧，这就是你们承诺要做的工作？太好了。这些产品待办事项对客户来说很重要。我期待着在 Sprint 结束时看到它们的交付。”

2.2.1 封闭的 Sprint

乍一看，这似乎是一个富有成效的 Sprint 计划会，因为 Scrum 团队找到了提升专注力的方法，并且先做最重要的事情。这个场景有什么问题？

和许多问题一样，这个问题是由小事引起的。团队成员试图通过封闭 Sprint 和锁定自己来增加专注力。他们希望专注于他们的 Sprint 目标，并将与利益相关者的协作限制在 Sprint 计划会上所规划的工作中，所以他们只从事为 Sprint 而选择和计划的产品待办事项。

结果出现了两个问题。首先，这增加了发生冲突的机会，因为利益相关者依赖开发团队来开展无法预测和规划的紧急临时性工作。

拖延这项工作会增加完成工作所需的时间，有时还会造成危机。

其次，这造成了利益相关者和开发团队之间的脱节，他们停止了协作，只凭借产品待办事项进行沟通。这扩大了不同团队或部门之间的分离（有时称为“孤岛”）。“孤岛”会造成或恶化敏捷和Scrum所要解决的问题：Scrum是用来协作解决复杂的适应性问题的。它认为一个复杂的世界是不可预测的。干扰是意料之中的，可以通过共同努力来解决。

Sprint是一个Scrum团队可以在其中为共同目标而努力的容器。这个共同目标是团队的主要目标。然而，一个Scrum团队，包括其内部的开发团队，应该能够对外部世界做出反应并与之互动。不干扰Sprint目标的紧急和重要的工作，是可以且应该做的！

2.2.2 承诺范围

前面场景中使用承诺一词还有第二个问题：承诺是Scrum的五个价值观之一，因为个人和组织需要承诺来达成目标。但真正的承诺来自内心，不能把它强加到某人身上。在这个场景中，产品负责人似乎在强迫开发团队做出承诺。

“承诺”在Scrum中有一段艰难的历史。这个术语在过去被用来表示Scrum团队需要承诺来实现它的Sprint目标。误解在于，一些组织将其理解为一种不会被打破的约定或合同。由于大多数组织在Sprint计划期间没有使用Sprint目标，而只是以产品待办事项形式规划了范围，这就导致了对将要交付的范围的隐含性承诺。这让你想起什么了吗？这是一种旧的思维模式：只要你能计划未来，你就能预测未来。

复杂的问题不可能被规划得绝对准确。因此，前面场景中在 Sprint 计划会上“承诺”一词被“预测”所取代。天气不能准确预测，因此天气预报员不会对明天的天气做出承诺。对于 Scrum 团队及其 Sprint 来说也是如此。团队试图用 Sprint 计划来很好地预测 Sprint，但将计划视为预测。如果发生了不可预见的事情，那么 Scrum 团队可能需要改变 Sprint 的范围。但是，不能改变 Sprint 的目标，目标应该是固定不变的。

明确 Sprint 计划会上的预测不是承诺这点非常重要。利益相关者，尤其是组织里那些将漏掉的计划视为失败的利益相关者，需要理解这一点，以便能够发现 Scrum 的价值。Scrum 的这种固有的不可预测性带来了一些好处，且只有当你接受它的不可预测性时才能获得这些好处。随着开发团队对 Scrum 经验的增长，其预测通常会变得更加可靠，也能更好地解释那些经常发生的“正常的”未知事件，比如电话、会议以及紧急且重要的临时任务。

当看到组织以旧的方式使用承诺这个词时，我们会温和地引导他们改用预测这个词。更改成这个词也会改变他们对 Sprint 的看法，因为它提高了透明度，团队不需要使用不透明的缓冲来适应不可预测性。透明度让组织能够消除一些障碍，这些障碍往往导致无法预测但又可以避免的工作。透明度还有助于增进组织中不同团队和部门之间的理解、交流与信任。

但这并不意味着一个开发团队可以说：“我们无法确定我们能不能在这个 Sprint 期间完成，它要多久就多久。”这将是另一个极端。一个 Scrum 团队应该将其产品待办列表的首要条目精化为足够小的条目，以便能做一个现实的预测。倘若发生了不可预见之事，这种预测可能会是错误的，但在其他情况下，它应该是准确的。

> Sprint计划会结束后不久，开发团队成员就回到了各自的房间，开始处理Sprint待办列表。“终于开完了那些会议！我真高兴我们可以回到真正的工作当中来，”其中一个开发人员说，“昨天下午先是Sprint评审会，再是回顾会，然后我们今天又有两个小时的Sprint计划会。代价真的太大了。我们几乎没有完成任何实质性工作。”

2.2.3 会议太多了

《Scrum指南》描述了在为期4周的Sprint中Sprint事件最多要花费20小时[㊀]，以及精化的工作通常占用开发团队不超过10%的产能[㊁]。那一共就是四天半的工作时间。对于整个团队是不是有点太多了？

许多组织抱怨Scrum中会议数量太多。他们声称团队成员几乎没有机会完成任何有意义的事情，因为他们一直坐在一起讨论。而且这还是员工必须参加的所有组织会议中的首要任务。

第二个抱怨是有问题的：Scrum中的事件使得许多组织用来协同员工和团队的其他会议过时了。在单独的进度报告会议上，员工应该主动告诉他们的上司或队员他们目前正在做什么，而不是让他

㊀ 其中每日站会每天15分钟，Sprint计划会最多8小时，Sprint评审会最多4小时，Sprint回顾会最多3小时。——译者注

㊁ 虽然为了保证Scrum在不同领域的通用性，2020版《Scrum指南》中已经删除了这句话，但在这仍然是我们推荐的Scrum实践模式。——译者注

们自己了解到底是怎么回事。当创建了适当的透明度，一些管理会议甚至都是不必要的。此外，许多用于明确或对齐的临时会议可能会被每日站会或定期的产品待办列表精化会淘汰。

Scrum 在几个层面上创建了透明度。团队成员使用每日站会相互协作，并相应地更新他们的 Sprint 待办列表。由于 Sprint 待办列表对任何人都是透明的，因此对短期进展感兴趣的管理人员可以从那里了解状态。Scrum 团队在每个 Sprint 结束时与利益相关者一起评审产品增量，并询问反馈，以取代进度评审会议。由于 Scrum 团队是自组织的，因此团队的管理人员通常不需要非常详细的进度报告。利益相关者通常可以访问团队，并在诸如任务板或累积流图等信息辐射器上透明地看到他们的状态。

让我们回到第一个抱怨——开了那么多会，却没有完成一项实质性的工作。

首先，完成事件的最大时间盒只是：最大限度的时间盒。团队不需要充分使用这些时间盒，他们可以优化自己的工作，更快地完成会议。其次，如果因为有很多事情需要明确，他们不能更快完成会议，那么事件的持续时间不应该是问题，因为时间显然是需要的。沟通和协作可以防止浪费和缺陷。

我们合作的大多数团队在开始使用 Scrum 之前，都会花更多的时间在会议上。回想一下所有那些为了把事情做对而进行的小的对齐和明确，通常是临时做的。Scrum 定义了每个 Sprint 中的固定机会，并将其称为事件[⊖]。这些事件应该取代并淘汰那些分散在我

⊖ Scrum 五大事件：Sprint、Sprint 计划会、每日站会、Scrum 评审会、Scrum 回顾会，另外还有一个约定俗成的事件：产品待办列表梳理会。——译者注

们工作日中的小型会议。

> 在他们应用 Scrum 之初，Scrum 团队成员自行完成了 Sprint 事件。例如，在 Sprint 评审会中，开发团队向产品负责人展示他们的成果，并从她那里得到了反馈。
>
> "现在我们来看看我们实现的一个新功能。患者可以通过我们的门户网站预约或取消预约。如果他们不想，就无须给医生办公室打电话。"
>
> 开发团队通过 Sprint 待办列表引导产品负责人，并告诉她实现了什么以及如何使用它。
>
> "好，看起来不错。患者总是需要手动输入日期吗？如果他们输入了错误的日期怎么办？"产品负责人问。
>
> "网站会对日期进行验证，并向患者发送一条显示出现错误的消息。那么患者就必须输入正确的日期，并选择一个可用的时间段来存储预约，"一位开发人员解释道。
>
> "好的，我明白了。但对患者来说，先在可视日历上选择一个日期，然后再选择当天的一个空闲时段不是更容易吗？"
>
> "是的，当然，我们可以这样做。虽然这个有点难度，但是是可以实现的。我们要把这个添加到产品待办列表中吗？"
>
> "我会先和我们的营销部门核实一下，看看我们的客户是否真的需要这个。我们可以在下周的精化会中再讨论一下。"

2.2.4 Sprint 评审会中没有利益相关者

这是许多组织会出现的典型情况：Scrum 团队坐在一起进行

Sprint 评审会，讨论产品增量和下一步有价值的改进。我们团队开 Sprint 评审会的方式显示了 Scrum 的一些积极影响。我们经常检查团队的工作结果，收集反馈并用于进一步改进产品。但它并没有达到应有的效果。有几点是可以改进的。

首先，产品负责人不确定她与团队讨论的改进是否有足够的价值来证明额外的努力是值得的。她想先与她的利益相关者讨论这个问题，然后回来反馈给研发团队。最好让利益相关者在 Sprint 评审会中直接给出反馈。

这样做可以为开发团队提供第一手反馈，无论是正面的还是负面的。当从事这项工作的人与使用他们成果的人——他们的客户和用户——联系在一起时，可以提高彼此的共情。开发团队更能同他们的客户和用户共情，更好地理解他们的需求和愿望。利益相关者也能更好地与开发团队共情，以了解开发团队的制约因素，并理解技术决策背后的原因。

其次，产品负责人不能在 Sprint 评审会期间提供重要的反馈，但必须在评审会之后与利益相关者进行核实。这种延迟反馈意味着损失几天，有时甚至是几周的时间。一旦开发团队收到反馈，还需要对其进行适应。如果利益相关者直接参加 Sprint 评审会，他们可以立即给出他们的反馈，团队就可以在下一个 Sprint 一开始就采取行动。

积极参与 Sprint 评审会的利益相关者越多，就越有利于获得反馈。因此，与其在描述或演示中向利益相关者展示工作结果，不如让他们使用产品。这将极大地提高在 Sprint 评审会期间和之后收到的反馈的质量。

当利益相关者参加Sprint评审会时，产品负责人可以分享中期计划的现状。许多Scrum团队从一个Sprint到另一个Sprint工作，对中期计划没有足够的关注和可见性。在与利益相关者一起开Sprint评审会时，产品负责人可以展示当前正在奔向的更大的目标，以及本次Sprint之后的状态。她还可以粗略预测下一个Sprint或几个Sprint的目标。这为利益相关者创建了透明度，而他们总是只对产品开发的大局感兴趣，而不那么关注每个Sprint的细节。

让利益相关者参与Sprint评审会还有另一个间接的好处。当产品负责人是Sprint评审会的目标受众时，就不需要太多Sprint内的协作。产品负责人经常在Sprint评审期间第一次看到产品增量，这是一个很大的风险。一个开发团队可以在没有产品负责人对其工作结果做出反馈的情况下，完成整个Sprint，甚至工作一个月。以利益相关者为目标受众的Sprint评审会通常会极大地改变这种情况。因此产品负责人成了Sprint评审会的主持人，需要做好准备。于是，她在Sprint期间与开发团队协作，并就事情的实施方式提供反馈。这一反馈可能已经包含在产品增量中，这就意味着可以在Sprint评审会期间展示出一个更好的结果。

让利益相关者参与Sprint评审会有很多好处。有时组织称他们的利益相关者太忙了，没有时间参加Sprint评审会。他们希望事后由产品负责人亲自更新。在我们看来，这种方式存在足够严重的缺点来证明利益相关者有必要从他们繁忙的日程中抽出这段时间。更高效的做法应该是确保大家一起参与Sprint评审会，而不是去做错误的事或不必要地放慢整个Scrum团队的工作速度。

> “好吧，我知道这个做法为什么行得通了。让我们看看《Scrum 指南》是怎么说的。”

2.2.5 Scrum 不是一种宗教

这个简短场景中的描述在世界各地无数团队中反复出现。请不要误解我们的意思——如果你想要阅读一个特定的规则并确保你正确地理解它，那么检查《Scrum 指南》并没有什么错。当个人、团队和组织开始将 Scrum 视为某种宗教，将《Scrum 指南》视为圣经时，问题就出现了。

Scrum 是一个描述了如何解决复杂的适应性问题的基本原理框架。它不能也不会为组织中可能出现的每一种情况提供指导。相反，它依赖于自组织和一套简单的价值观与原则。

为什么尽可能严格地遵循 Scrum 会适得其反？答案很简单：如果你只专注于遵循 Scrum 的教条，那么就失去了以上下文相关的方式行事的能力。所有组织都有其特定环境。我们从未见过任何一家公司或团队能够做到“完美”的 Scrum。你必须找到适合自己的挑战、环境和人员的特定的 Scrum 实现方式。

Scrum 基于经验主义的原则。它经常检视现状，并对其进行调整以持续改进。完全依赖《Scrum 指南》做事，与这些原则背道而驰。

如果你发现自己仅仅从“正确使用 Scrum”的角度来讨论问题，请先停下来。然后想想在你所在情况下什么才是有意义的。并检查你的解决方案是否符合 Scrum 的价值观和经验主义的原则。最后，检查您的解决方案是否能够在框架中找到：它的角色、事件和工件；或者是把他们结合在一起的规则。如果其中一个检查结果是否定的，那么尝试调整你的解决方案，使其符合价值观和原则，或者 Scrum 指南。如果都不符合而你的解决方案却仍然有意义的话，那就执行它吧，让经验告诉你这个解决方案是否对你有帮助，或者对你有一些负面影响。如果有，再检查和适应。

2.3 可以避免的错误

团队的 Scrum Master 以前是一名项目经理。她负责管理公司的软件开发项目，一般为期 6 ～ 12 个月。这些项目按照传统的方式建立，首先分析和设计，然后实施和测试，最后移交给运维部门进行生产使用。

随着换成 Scrum，项目经理的角色废弃了，所以她抓住机会成为我们团队的 Scrum Master。一开始，她很难适应这个新角色，因为术语和流程与她过去所做的有很大不同。

“我们的 Scrum 团队怎么样？”CEO 问 Scrum Master。

“看起来不错。开发团队刚刚完成每日站会，我已经更新了任务和燃尽图。如果您需要的话，我可以给您更详细的进度报告。”

“今天下午我们要开管理层周会。你也参加一下吧，告诉我们最新的情况，我相信我团队中的其他人也对这些数据感兴趣。”

“好的，我会去的。”

“你能给我们一些关于明年发展资源规划的建议吗？我们将在未来几周内制定明年的预算，并希望将这一因素考虑在内。”

“当然，没问题。”

2.3.1 只是名义上的 Scrum Master

新的 Scrum Master 并不是唯一一个在 Scrum 中挣扎的人。许多刚接触 Scrum 的人，无论在 Scrum 团队内部还是外部，都很难适应这种新的工作方式。Scrum Master 面临着一个特别大的挑战，因为他们负责帮助组织中的每个人理解如何正确使用 Scrum，并持续改进他们的工作方式。

前面场景中的 Scrum Master 仍然充当着项目经理的角色。她编写进度报告，规划资源[⊖]，并且是团队和管理层之间的接口。尽管这是她担任项目经理时的职责，但这不是她作为 Scrum Master 这一角色的职责。

Scrum 将流程、产品与产品交付的责任分配给了三个角色：产品负责人、开发团队和 Scrum Master。Scrum 团队是自组织的，每个角色都应该对自己的工作负责。产品负责人对产品负责，因此她将产品状态透明化；开发团队负责作为自组织团队进行工作，因此团队成员自己计划自己的工作，并需要报告自己的状态，更新 Sprint 待办列表以及其他提供透明度的方式（如燃尽图或其他信息辐射器）也是他们的责任。

当然，当开发团队成员忙的时候，Scrum Master 可以通过帮助他们完成开发任务来支持他们，但是这种服务可能会产生意想不到的问题。团队成员可能会过度依赖 Scrum Master，并将他们应该自己完成的工作推给他（例如提供进度透明度）。作为 Scrum Master，当你接管别人的工作时，必须仔细考虑，并且必须知道什么时候应该说“不”。

⊖ 人不是资源。把人当作资源是我们最无法忍受的概念，每当我们听到有人谈论“资源”和定义人时，我们都会指出这一点。

“名义上的 Scrum Master”就像一个拦路石，阻止人们直接接近管理层，也阻止管理层直接从团队获取信息。这阻碍了协作，阻止了组织完全接受 Scrum 并获得这样做的好处。管理层和感兴趣的利益相关者应该访问 Scrum 团队，并从源头上获取信息。这为直接沟通和协作创造了机会。

最重要的是，作为项目经理的 Scrum Master 通常没有履行 Scrum Master 的职责。Scrum Master 应该帮助每个人理解和实施 Scrum，并且应该用技术、工具和实践来支持 Scrum 团队和组织持续改进。他应该支持产品负责人和开发团队在各自的角色中以最佳方式工作，这就包括消除开发团队进展过程中的障碍。

所有这些都是全职工作；因此，成为一个有效的 Scrum Master 的第一步是停止项目经理的工作，开始做一个 Scrum Master。如果组织认为它需要这些项目经理服务，Scrum Master 应该利用这个机会来帮助每个人理解和实施 Scrum。

> 产品负责人对她的产品待办列表非常谨慎。她试图抓住她自己、利益相关者和团队同事关于优化产品价值的所有想法。结果，几乎每个人的想法都被记录在产品待办列表中。
>
> 在过度拥挤的产品待办列表中，产品负责人经常发现自己在说：“我有个想法想跟你谈谈。让我给你看看我们创建的产品待办事项。它在哪里呢？”

2.3.2 太多的产品待办事项

产品待办列表是产品工作的单一信息源。它包含了该产品的已知所需的所有工作，数量可能会很多。产品待办列表中包含 100 个以上的产品待办事项是很常见的，有时甚至远超过这么多。

如果你能够在产品待办列表中创建额外的内部结构，这就不是问题。然而，如果你的产品待办列表只是一个事项列表，而每个事项都只是（实体的或数字化的）带有标题和描述的碎片，那么产品待办列表将变得难以理解。

作为产品负责人，你有几种方法来创建这个结构。一种是将元数据添加到产品待办事项中。如果你使用数字化工具，那么你可以标记产品待办事项、分配类别或者类似的结构手段。对于索引卡片上的产品待办列表，你可以使用不同颜色和大小的卡片标记。当你对产品了解得更多时，不要犹豫添加类别或标签，但要确保不要让它们变成无法维护的混乱局面。

另一种构建产品待办列表的方法是创建产品待办事项的层次结构。大多数产品待办事项都从大块工作开始，然后在精化和实施过程中被分割成较小的待办事项。不要把大的待办事项弄丢了，因为它是小待办事项的父待办事项。数字化工具应该能够创造并处理这种父子关系。在纸上，这需要更多的努力，但同样，你可以使用不同颜色或大小的纸，在子条目的卡片上注明父待办事项。

最有效，但通常也是最困难的，保持产品待办事项可管理的方法是避免把每个想法都放入其中。产品负责人和利益相关者应该仔细考虑所提议的产品待办事项的价值，并且只在新待办事项的价值高于现有产品待办事项时才添加这个待办事项。

定期清理产品待办列表也很有帮助。你可以将那些创建时间久（比如超过三个月）且在此期间未有任何工作进展（既没有精华，也没有实现）的产品待办事项过滤掉。很有可能它们不是那么重要，因此可以被移除出去。有效地放弃那些你曾为此耗时耗力讨论所添加的待办事项会有一点痛苦，而这应该也有助于仔细思考你在创建产品待办事项时投入了多少前期努力。

> 这是每日站会，Sprint 结束的前两天。开发团队正在讨论如何完成剩下的所有工作，以达到 Sprint 目标。
>
> “预约服务的更新还在‘进行中’吗?”一位开发人员问道，“已经在‘进行中’一个多星期了。”
>
> 另一名开发人员回答道：“负责这项任务的人已经病了好几天了。她在 Sprint 计划会期间认领了这个任务，因为她熟悉这个代码，但她无法完成它了。谁能接手这项工作？要想完成这个待办事项，把它拖到‘完成’里面去，我们需要更改这个服务。”

2.3.3 舔饼干

前面场景中的例子就是我们的一位同事所说的“舔饼干”。就像一个孩子可能会舔一块饼干来防止别人吃它一样，过早地拉取工作项往往会阻止它们在必要的时候被别人接管。为避免这种情况，请确保团队成员只有在准备好开始时拉取工作。

产品待办列表和 Sprint 待办列表提供了一种基于拉动式的工作原理。开发团队将产品待办事项拉入 Sprint，以便实现 Sprint 目标。然后开发人员从 Sprint 待办列表中拉取更小的工作项，并且只拉取他们当前要处理的工作项。

即使是在当某些工作通常（或总是）由开发团队的特定成员（因为他的独特技能）完成时，过早拉取工作也将标志着这项工作属于该人。这可能会造成一种心理障碍，阻止其他团队成员提供帮助，因为即使他们的帮助是有益的或有必要的，也可能会被认为是一种干扰。

在前面的场景中，开发团队成员请了病假，无法完成任务，但这并不是可能造成出错的唯一一种情况。一个开发团队成员可能认为他可以在一个 Sprint 中完成所有的工作，并且可能会一直这样认为，即使在 Sprint 中工作流动的证据表明情况并非如此。如果工作已经分配好了，人们通常会避免给别人提供帮助，因为他们认为分配到任务的人知道该做什么，并会在需要时寻求帮助。

解决方案很简单：团队成员应该在他们实际上能完成的时候再拉取这项工作。通常这在行为上是一个小改变，但对透明度和流动性来说却有着巨大的影响。

所有适用于过早拉取工作的情形也适用于过早分配工作。此外，分配工作也与 Scrum 中的拉动原则相矛盾。

> 当团队刚开始使用 Scrum 时，每个人都在忙于调整。Scrum 团队和组织必须找到实施这一框架的方法，并创建一个环境，使其能够成功发展及应用。产品负责人特别忙：与所有利益相关者就产品事宜进行协调，与高管讨论预算和产品目标，并与开发团队合作实现这一愿景。
>
> 开发团队经常受挫。团队成员经常对产品待办事项的细节存在疑问，或者想要快速得到关于他们工作结果的反馈。

“我们的产品负责人在哪里？”这是团队的房间里常被问到的一个问题。

“她在某个地方开会。我有一段时间没见过她了。”普遍能听到这样的回答。

2.3.4 找不到的产品负责人

当使用Scrum时，直接沟通是成功的一个重要因素，尤其是对产品负责人而言。产品负责人应该与他们的团队保持密切的合作，明确或重新协商Sprint的范围，明确产品待办事项，或与利益相关者沟通，必须讨论权衡，或者调整产品待办列表的范围。产品待办列表需要不断精化。所有这些工作都是与开发团队密切合作完成的。

开发团队发现，在Sprint中遇到一个因找不到产品负责人而无法及时解决或协商的问题是非常令人沮丧的。Scrum团队会陷入困境，如果产品负责人：

- ❑ 同时处理太多任务。
- ❑ 只提供部分时间。
- ❑ 远程工作，或者很难联系到。
- ❑ 没有权力优化产品及产品价值。

需要选择产品负责人以避免发生这些问题。

产品负责人需要与利益相关者、开发团队一起完善产品待办列表。他们最好为这项工作和协作预留出明确的时间（例如，每天9：00～11：00），并且可以接受任何人提问。利益相关者和开发团队成员可以在此期间来讨论想法和进展，提出问题或获得反馈。

产品负责人还需要能够回答所出现的问题。他们必须拥有能对产品问题做出广泛决策的权力，而不必先与管理层进行核实。这能缩短反馈周期，改善工作流。总有这样的情况出现：问题出现了，而产品负责人必须从别处去寻求答案。然而他应该拥有广泛的权力，在规定的范围内做出决策。

产品负责人需要与团队在一起。如果产品负责人必须是远程的，那么他将需要做出额外的努力才能对团队有用。

通过电话和视频进行定期对话有助于拉近距离；定期访问开发团队会更好。

> “每日站会总是会打断我的工作。顺便说一句，它没有用。我不需要知道其他人现在在做什么。我只想专注于我自己的工作。”
>
> 前端开发人员显然很不高兴。他建议将每日站会的频次降到每周两次。
>
> “我们可以在周二和周四开站会。这样周一、周三和周五不会受到干扰，我就可以专注于我的任务了。”

2.3.5 每周开两次站会

每日站会提供了每天都可以重新规划工作的机会，以实现 Sprint 目标。开发团队调整他们当前的工作，决定他们下一步要做什么来实现 Sprint 目标，并提出他们对被卡住或遇到障碍的忧虑。当团队减少这些机会时，他们就会增加做错事情的风险，从而无法达到他们的 Sprint 目标。

当开发团队的成员提议减少每日站会，或者建议完全跳过它时，其实表明他们没有看到它的价值。一个原因可能是它已经变成了一个进度报告会，而不是一个重新规划的会议。为了解决他们的担忧（可能是合理的），我们总会问："需要发生什么才会让你认为每日站会对你而言是有价值的呢？"这通常会把视角从对强制性会议的恼怒转而集中到团队成员个人的改进上。

Scrum Master 有责任帮助开发团队在每日站会中找到其价值。他可以促进一个像我们提到的那样的讨论会，或者可以促进一段时间每日站会，以确保它不会变成一个进度报告会议。如果每个人都要向 Scrum Master 汇报，那么他可能就不想再促进了。

在我们的例子中，开发人员发现每日站会令人厌烦的一个原因是它打断了工作。这个问题可以通过改变每日站会的时间来解决。例如，把它安排在工作已经中断的时间，譬如午饭前或午饭后，或在一天的开始或结束时，这样有助于减少对工作的干扰。

2.4　总结

在本章中，我们注意到了 Scrum 团队面临的许多不同的常见问题。我们研究了许多团队早期遇到的一些问题，以及一些可以避免的误解和错误。我们还讨论了避免或补救这些错误的方法。

我们曾在真正的 Scrum 团队中看到了所有这些问题，但显然不是所有问题都出现在同一个团队中。这是一些关于误会与误解的例子，在开始实践 Scrum 的时候都可能会发生。这绝不是一个结论性列表，因为每个 Scrum 团队都会发现自己要做或做错的事情。重要的是尽快发现并改进这些错误。

3

第 3 章

光有 Scrum 是不够的

《Scrum 指南》描述了 Scrum 框架、元素以及将它们结合在一起的规则。它描述了 Scrum 的基础，以及它为团队解决复杂的适应性问题所提供的帮助。它没有讨论团队在应用 Scrum 时应该使用的具体实践。Scrum 团队的工作是找到那些最能帮助他们的实践，并应用它们来交付“完成”的增量。

Scrum 团队通常专注于他们眼前的下一步：下一个任务、下一个事件以及下一个 Sprint。这样做很好，专注帮助他们完成已经开始的工作，并专注于他们想要实现的目标。然而，有时这使他们的视野变得太狭窄，忽视了更远大的目标。

为了实现这些目标，Scrum 团队必须克服另一个挑战：扩展他们的跨职能。他们必须破除过去一个世纪以来组织所提倡的角色 / 技能专业化的思想。这种专业化造就了一支完全知道如何完成自己的工作，却不知道其他人为创造价值而共同做什么的劳动力队伍。

当世界是静止的时候，这种专业化为组织提供了很好的服务，但它无法应对当今这个客户需求和技术选择都在发生着快速变化的世界。Scrum 团队需要快速响应这些变化，以交付满足客户需求的产品。变得更加跨职能有助于团队通过增加协作和为整体目标（而不仅仅是一小部分目标）找到更好的解决方案，以对变化做出响应。随着时间的推移，跨职能团队也会变得更加跨职能，因为整个团队的知识和技能都在扩展。

本章描述了 Scrum 团队可以用来克服这些挑战的实践。这些实践并不是 Scrum 特有的，但它们能极大地帮助 Scrum 团队解决复杂的适应性问题。

3.1　战略：顾全大局

开发团队正在计划当前的 Sprint。一个全新的功能必须要实现，而团队成员就如何实现它而争论不休。

“Scrum 中没有架构师，”一位开发人员说，“架构是在我们处理产品待办列表以交付产品时出现的。”

另一个开发人员不同意：“这没有道理。我们需要一些一般性的基础来创建我们的解决方案。我们的决定可能会带来严重的后果，我们必须确保我们的决定是正确的。否则，产品就会一塌糊涂。我们需要软件架构师的帮助。”

“但是架构一直在变化，”另一个开发人员回答道，“当我回顾几年前我们的解决方案时，它们的架构随着时间发生了很大的变化。我们不应该花太多时间定义那些无论如何都会改变的东西。让我们选择适合解决今天的问题的方案，并在明天的问题到来的时候再去解决明天的问题。”

“我认为你们俩说的都对，”团队的第三个成员插话道，“至少部分是对的。我们不应该只做首先想到的事。相反，我们应该从容地做出最重要、最困难的决定。另一方面，我们需要接受这样一个事实：今天的最佳技术实践是明天的遗留问题。因此，我们应该考虑改进和重构解决方案所需的时间。”

3.1.1 谁在 Scrum 中解决战略问题

许多 Scrum 团队都在努力解决这个问题：他们必须在交付价值的迫切需求和拥有一个能够应对变化的产品的长期需求之间取得平衡。Scrum 今天关注的是交付价值，但是关于产品的战略性工作呢？是谁在做这件事，又是如何做的？

首先，谁从事战略工作的问题：Scrum 中的开发团队只由“开发人员”组成，没有角色的进一步专业化。这并不意味着 Scrum 团队不能包含负责某一方面工作的人。这只是意味着 Scrum 没有描述任何进一步的专业化角色。开发团队如何划分工作取决于他们自己。

软件架构师或软件架构的问题说明了这一点。每个软件产品都需要一个架构来帮助团队做出重要的设计决策。“重要程度是通过变更成本来衡量的。"[1]这个架构可能需要也可能不需要一个专注于定义软件架构的全职架构师来定义。

许多其他类型的重大决策也是如此，如产品设计、可用性、营销和品牌以及法律问题，仅举几例。开发团队可以自己做出这些决策，但是他们经常会得到专职关注这些问题的人员的协助。

通常，这些人并不是开发团队中的专职成员。他们只是在特定的时间或以兼职的方式被需要。他们还经常支持许多不同的团队，并与组织中的不同利益相关者合作。因此，Scrum 团队不能依赖于与这些专家合作，只是在需要他们的时候从他们的专业知识中获益。

对于这个问题，我们通常推荐两种选择方案，选择哪一个取决于组织环境。Scrum 团队和相关专家需要选择并经常调整最适合他们环境的解决方案。

开发团队应该尽量增加自己的专业知识来变得更加独立而不那么依赖专家。要实现独立这一目标，可以通过让外部专家教会一个或几个团队成员，从而使这些团队成员能够胜任专家的工作。这种方法通常比仅让专家来做这些工作需要更多的时间和精力，但从长远来看是值得的。

如果这种方法不可行，举个例子：法律咨询只能由律师提供，那么我们建议这位律师专家在必要时尽可能多地与团队合作，把专家的部分时间留给需要专业知识的 Scrum 团队，同时这也意味着

[1] Grady Booch 的原话："不是所有的设计都是架构。架构代表（的是）塑造系统的重要设计决策，其中重要程度是通过变更成本来衡量的。"（引用于 Frank Buschmann, Kevlin Henney，Douglas C. Schmidt，《面向模式的软件架构》卷 5，模式与模式语言，Wiley, 2007，第 214 页）。

专家必须把他的时间分配给不同的团队和利益相关者，并提供“办公时间”，让人们有机会利用专家的知识和经验。

3.1.2 什么是涌现的结构

在上一节中，我们讨论了由谁做出重要的战略决策。现在我们来看看如何制定这些重要的决策。

在我们的场景中，一位开发人员谈到了在敏捷世界中相当流行的涌现。在复杂环境中充分分析问题并对其制定出解决方案是一件不可能做到的事。相反，团队通过一系列步骤开发并逐步验证他们的解决方案，从这个意义上讲，就是解决方案的涌现。

通常，emergent 和 emerging 这两个术语都表示无论如何都会有事情发生，所以我们不需要采取任何行动。以这种思想使用这一术语的人通常认为他们可以只专注于日常工作和大局，至于与大局相关的重要决策，他们坚信它们自己能够处理好。这种思想非常危险。不明确地考虑战略问题，而只是让事情顺其自然，从长远来看，通常会导致糟糕的结果。

我们经常使用 pretzel[⊖]架构隐喻（如图 3.1 所示）来与客户讨论这个问题。pretzel 的左半部分关注的是架构，但它也可以被其他战略性工作所替代。

每当 Scrum 团队在梳理或处理产品待办事项时，团队必须有意识地判断出待办事项所描述的工作“只是工作”还是具有战略意义。标准的做法是，将只是需要完成的工作放在 pretzel 的右侧。对此，团队成员可以根据他们所拥有和知道的知识来计划和执行这

⊖ 一种双圈形状的椒盐饼干。——译者注

项工作，通过交付增量、收集反馈并对其采取行动来闭合反馈回路。有时利益相关者需要一些战略相关的东西，且需要展开更高层级的工作。在这种情况下，团队得刻意进入这个更高的层级开展战略性的工作，类似的工作请放在 pretzel 的左侧。

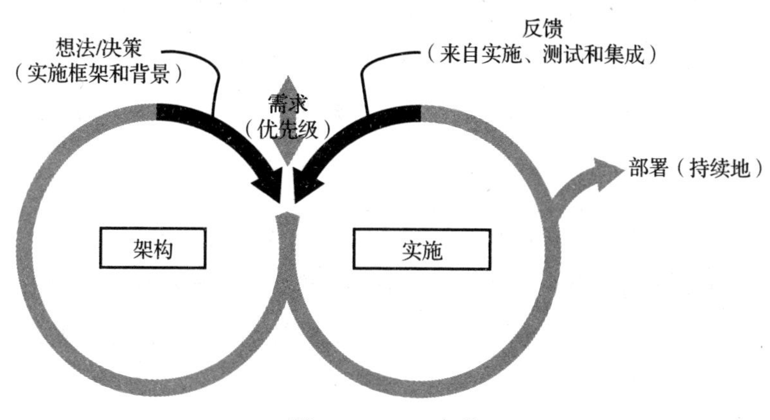

图 3.1　pretzel 架构

团队应该尽快识别战略相关的工作。以下是一些表明工作是否具有战略意义的问题：

- 我们目前面临的问题对我们的产品有广泛的影响吗？
- 在不改变（部分改变）我们产品的总体结构的情况下，实现和交付一个产品待办事项是否是困难的或不可能的吗？

当团队确定了战略工作时，他们有几个选择：如果他们期望有大量工作来为决策做铺垫，那么他们可以将战略部分放入自己的产品待办列表中；如果战略工作可以与战术工作同时进行，那么我们建议将特定的战略性产品待办事项透明化。这就像添加描述战略决策的验收标准一样简单。

团队承担的战略工作和相关决策在 pretzel 架构的左侧进行，会输入 pretzel 架构的右侧，而右侧是团队实施解决方案中的架构决策内容。反过来，将右侧学习到的内容输入到左侧，前提是团队作为一个整体对可发布产品的交付完全负责。否则，从这两个循环中学到的东西很有可能不会反馈到流程里，但如果要考虑这些的话，就必须在 Scrum 团队之外进行处理。同样，一个不积极与开发团队合作的中央架构组很容易忽视开发团队在日常工作中是可以发现次优架构决策的。

"我们为什么要记录这个？"后端开发人员问道，"这种构建模块的方式很可能不是最后的解决方案，因为我们不断地学习和更新我们的架构，敏捷宣言不是说可工作的软件比文档重要吗？"

"是的，但我们至少应该描述一下当前的工作方式，这样每个人都可以在需要的时候查找它，"另一个开发人员回答道，"例如，我通常不使用这些模块，当我必须接触它们时，我总是不确定如何使用它们。如果我能检查一下它的工作原理，我会感到心安一些。"

"但之后我们必须在解决方案的基础上不断更新文档。这真的是很多不必要的工作。"

到目前为止，Scrum Master 一直保持沉默，关注着讨论的进展，但现在她开口说话了："如果这份文档有助于防止错误和明确问题，我不觉得这是不必要的。有相关变更时更新这个文档是对的，所以我想问一个不同的问题。与其问自己是否

> 需要维护这些文档，不如问如何确保自己不会忘记维护这些文档。”

3.1.3　为什么没有文档是个坏主意

上述场景中的第一个开发人员是正确的。敏捷软件开发宣言的第二个价值观就是工作的软件高于详尽的文档。这句话导致了许多团队完全忽视文档，或尽可能少地编写文档。许多软件团队声称“代码就是文档”。这种说法是短视的。

尽管代码应该尽可能地清晰、易懂、可维护，且结构清晰，还要遵循行业标准，但是它不能传达为什么做出了特定的决策以及这些决策是什么。当情况发生变化而需要做出不同的决策时，理解为什么当初要这样做往往会有帮助。这种大局和以某种方式做事的原因通常单从代码上是看不出来的，它们必须分别向其他开发人员解释，有时还要向利益相关者解释。

编制决策这一工作不总是最有趣的，当团队做出新的决策时，所记录的决策可能很快就会被淘汰。由于文档是为读者而不是作者编写的，因此编写文档往往不如其他工作有趣。尽管如此，这也是很重要的，且需要去做。

团队在编写文档时应该考虑到读者。了解所编写文档的读者，以及这些读者需要从中得到什么，有助于团队创建适当数量的文档。

文档应该尽可能靠近解决方案。对于软件，这意味着文档应该与源代码一起进行版本化，并包含在构建和制品部署中。假如我是一名开发人员，如果我在编写部分解决方案时不需要更改工具，那么我记住这样做的可能性就会更高。代码即文档[⊖]方法有助于做到这一点。

文档应该是团队关于“完成”这一定义（DoD：Definition of “Done”）的一部分。该定义应该指定需要的文档类型和数量。这创建了交付可发布的产品增量时预期的透明度。

文档本身并不是目的。通常，所编写文档的目标可以通过其他方式来更有效地实现，例如：

- 当文档的目的是共享和传播知识时，可以让团队成员结对来协作解决问题。
- 通过同行评审的方式对工作结果进行评审从而定义出统一的工作标准。
- 在代码中使用注释来分享变更背后的意图、决策和备选方案，以传达思想过程和结果。

目标不是为编写文档创建一个标准，而是满足编写文档这一需求背后的目的。

3.2 策略：从想法到结果

“我怎样才能发现产品待办列表中最有价值的产品待办事项？”产品负责人问 Scrum Master，“我们目前的产品待办列表大部分是由我们的用户和客户的请求组成的。市场部和销售部

⊖ https://www.writethedocs.org/guide/docs-as-code/。

收集了这些请求并把它们交给我。但我觉得我们正在错过那些他们都看不见的机会。”

“你有没有试着刻意去探索你的产品的问题和解决方案？”Scrum Master 回答道，“有几种研讨会的形式可能对你有意义。每一种都针对你的产品待办列表中的一个特定的抽象层级。”

“你说的抽象层级是什么意思？”

“好吧，让我解释一下……”

3.2.1　产品待办列表的不同抽象层级

产品待办列表最简单的形式是一个产品待办事项的有序列表，描述了为完成产品必须做的工作。按照《Scrum 指南》，这是产品待办列表必须具备的最基本的形式。

由于《Scrum 指南》并没有描述在特定环境下可能有意义的所有内容，只是描述了构建团队自身实践的根本基础，因此对产品待办列表的这种简单定义通常是不够的。

可以从多个角度来看一个产品待办列表是否合乎标准，最突出的一个方面就是待办事项的排序，也可以从不同用户的需求或者利益相关者的需求方面来看。

另一个理解待办列表的方法是透过其抽象层级来实现的。抽象的最高层级是产品愿景，它描述了一个产品的总体目标，而不涉及任何细节。在产品愿景下面有大型分组，例如产品的主要特征、产品领域和用户类型。这些分组可以被分成更小的部分，使它们更容易理解。这些被分解了的产品待办事项还会不断地被精化，直到开发团队能够处理这个产品待办事项，并以可发布产品增量的形式交付它。

各种各样的技术都可以帮助团队进行抽象：如果你想要发现有价值的功能来实现特定的目标，则可以尝试影响地图（impact mapping）[Gojko12]。这个非常轻量级的工作坊形式可以找到能够帮助实现或阻碍目标的参与者，然后发现这些参与者支持或阻碍目标的影响。最后，探讨有助于实现积极影响和防止消极影响的潜在可交付成果[⊖]。

一旦你对具体的可交付成果有了想法，你就可以使用用户故事地图[Patton14]来更清楚地了解可交付成果的外观和给人的感觉，以及如何使用它来实现其目标。有了用户故事地图，你可以通过一个更大的功能来可视化一个使用路径，并明确它的较小部分。用户故事地图可以专注于现有的解决问题的方式，也可以开发一个全新的解决方案。在用户故事地图工作坊上，让你的产品用户描述他们如何解决特定的问题，或者他们希望如何解决它，听他们描述从问题到解决方案的故事。被描述的这个故事的各个部分可被分为较小的待办事项，可以根据它们的价值和重要性进行排序。这些较小的待办事项是产品待办事项候选项，由更大的可交付成果分解而来，如一个影响地图工作坊。

工作坊的形式和它们的可视化技术都只是如何在产品待办列表中使用不同抽象层级的例子。每个 Scrum 团队都必须找到，有时

⊖ 有关在 Scrum 环境中使用影响地图的详细信息，请参见 https://www.scrum.org/resources/blog/extending-impact-mapping-gain-better-product-insights。

还必须创造自己的实践和工具来在这些不同层级上工作。如果抽象做得好，产品负责人和Scrum团队就能讨论到他们的利益相关者的需求，以及他们将在不同层级上提供的解决方案。公司的CEO重视的是大局，因此产品负责人需要提到更高层次的可交付成果和里程碑。用户重视的是更小的构建模块以及它们如何一起工作。他们想知道他们的问题将如何解决。开发团队则重视所有这些层级，但主要还是关注可以在Sprint中实现的较小层级的产品待办事项。

Scrum团队正在进行每两周一次的产品待办列表精化会议。在产品负责人描述了一个应该在下一个Sprint中实现的产品待办事项后，她问了一个开发团队非常害怕的问题："好吧，那么这个故事有多少个故事点?"

开发团队成员想了一会儿，然后一个接一个不情愿地从他们手中选择了一张牌。

"我来看看大家都怎么想的，"Scrum Master期待地说，"好，有三个人说有5个故事点，有一个人说有3个故事点，还有两个人说有13个故事点。请估算故事点数量最低和最高的人来解释一下你们为什么估算了这么多故事点吧。"

"嗯，我们要做的工作并不困难，"其中一名开发人员说，"这一变更必须反映在源代码的不同领域，但这些调整很简单。"

一个估算了13个故事点的开发人员回答道："是的，这是一个很简单的变更，但是必须涉及源代码中几十个不同的地方。而这种变更是有风险的。因此，我们必须投入大量精力验证我们没有破坏任何东西。"

> “但是我们不要估算工作量，而是估算复杂性。”另一个开发人员打断道。

3.2.2 如何进行有意义的估算

我们在与客户的合作中经常看到这样的场景：所有参与其中的人都认为这是你应该估算的方式。当然，你可以这样估算。不过，我们相信，还有更好的工作方式。

在这种情况下要问的最重要的问题是：估算产品待办事项的目标是什么？根据我们的经验，开发团队进行评估的主要原因有三个：

- 评估交付产品待办事项所需的工作量，以预测接下来的一个或几个 Sprint。
- 让产品负责人知道某样东西有多大就会有多贵。
- 看看是否对产品待办事项有共同的理解。

进行估算的第一个原因完全是为了开发团队。第二个原因可以被产品负责人用来判断成本和预期价值，并决定这个比率对于要实现的产品待办事项是否可以接受。第三个原因是可以通过公开讨论达成对产品待办事项的共识。

案例研究中的估算对这三个目标的达成度如何？不太理想。

许多开发团队认为，在 Scrum 中，他们必须估算“复杂度”。他们认为敏捷原则不允许估算工作量，因为他们往往对完全实现某件事所需的确切工作知之甚少。但是，估算复杂度意味着什么呢？很多人（包括我们）都无法确切地描述其含义。它通常涉及团队发现交付一个产品待办事项有多难，或者团队对采取什么措施来实现一个产品待办事项有多不确定。而人们通常会忽略他们所期望实现的产品待办事项所需的工作量。

在与团队合作的过程中，我们在估算的时候不会使用复杂度这个术语。相反，我们谈论的是规模。这将焦点从产品待办事项有多复杂转移到了它的规模有多大上。大多数人对规模大小都有一个直观的概念。一项工作的规模可大可小，包括不确定性因素、风险程度、努力程度以及其他对工作类型关系重大的方面。

这将我们带到了估算的第二个方面，这是我们在与客户合作时经常忽略的：参考的产品待办事项。如果没有参考点，就很难估计其规模。一棵树有多大？那栋房子有多远？某个人有多高？我们更能够回答关于规模大小的比较问题，比如，这些树中哪一棵更大？这所房子比那所房子离我们更近吗？这个人比我更高吗？

因此，我们建议对比其他产品待办事项来估算产品待办事项。然后，我们可以用简单的规模单位进行划分，如极小、小、中、大或极大。我们还可以使用故事点或 T 恤尺寸之类的概念来划分产品待办事项的属性大小。重要的一点是，这些属性是与某物相关的，并且不能在没有参考的情况下进行划分。

估算的第三个重要方面也发生在前面的场景中：Scrum Master 要求估算值最高和最低的团队成员解释他们的估算。询问解释可以向估算的人发出信号——他们可能错了，需要证明自己的估算是正确的。这反过来还会使其他团队成员以一种避免自己被点名的方式做估算。

估算值不同不需要解释。不同的估算值表明成员对产品待办事项的理解不同。整个 Scrum 团队应该对理解这些不同的解释感到好奇，并希望达成共识。我们会经常问别人：我很好奇你知道而我却不知道的事，你能给我解释一下我遗漏了什么吗？

#NoEstimates

Vasco Duarte 在 2015 年出版的 *No Estimates:How to Measure Project Progress without Estimating*[Duarte15] 一书中阐释了一种在不估算的情况下预测和度量进度的方法。这本书在敏捷社区中引发了一场持续性的讨论，讨论这种方法在 Scrum 中是否可行与认可，因为估算是产品待办事项的一个属性。

根据我们的经验，Scrum 团队可以使用 #NoEstimates 方法，同时仍然要按照 Scrum 规则工作。产品待办事项的最小“估算值”是开发团队知道是否可以在 Sprint 中交付产品。《Scrum 指南》并不提倡如何做到这一点。

使用 #NoEstimates 的团队将他们的工作分成能够在几小时或几天内交付的足够小的待办事项。这甚至比这里描述的最低要求还要细。因此，#NoEstimates 是估算产品待办事项的一种有效方法，尽管它听起来有些矛盾。

开发团队一起站在任务板前进行每日站会。团队正处于 Sprint 中期，进展良好。

“有一件事本会进一步加快我们的开发速度。”有人说道。

“什么事？”

“我们应该减去所有 Scrum 开销，就使用看板。我们可以只根据有序的待办列表来工作，把所有的时间都集中在完成工作上。”

3.2.3　当我们有看板时，还需要 Scrum 吗

许多 Scrum 团队迟早会觉得，Scrum 提供（或命令，取决于你的观点）的众多反馈回路正在阻碍而不是帮助他们。通常建议的替代方案是看板。

大多数人都知道看板是通过一个流程来可视化工作流的。没有多少人知道一块板子并不是看板的全部。看板比这要严密得多。

的确，看板并没有在流程方面描述太多——它只是要求团队将其可视化，无论目前看起来是什么样子。它还需要使用看板的团队通过他们的流程来度量工作流，并持续改进它。为了做到这一点，团队通常会度量工作在流程中流动所需的时间，有多少工作项进入或离开流程，以及流程中的工作项进行了多久。为了改善流程，要限制在制品。

对我们来说，Scrum 和看板不是二选一——它们可以很好地相互配合。Scrum 提供了一个支持短周期工作的良好结构，并在宏观层面上最大化工作价值。看板则有助于改善微观层面上的流程、协作和工作流。

我们合作的许多团队都是从 Scrum 开始的，首先关注宏观层面。这意味着从产品的创意到产品的交付，他们都要努力改进他们之间的协作。他们创建一个产品待办列表，并从中快速创建可发布的产品增量。

一旦在宏观层面取得成效，他们就可以关注于微观层面，严格地度量工作流，并作为一个团队从整体出发增进协作。

限制在制品是流程优化的最重要的因素。经验法则应该是尽可

能地减少正在进行的工作，而不是增加。每个工作流状态中的限制在制品创建了一个拉式系统，因为只有在当前状态尚未达到在制品限制时，才能从上游拉取工作。如果已经超出在制品限制，那么下游必须在拉取新工作之前拉出已完成的工作。

通过这种改进工作的可视化，开发团队可以对工作流进行可视化和度量。为此，他们还需要度量相关的指标，如周期时间、工作项年龄和吞吐量。周期时间指的是工作项从开始到完成之间经过了多少时间。工作项年龄指的是工作项已经在进行中的时间量（即工作了多长时间）。吞吐量是每单位时间（例如：天）内完成的工作项数量。

有了这些前提条件，Scrum 团队就可以通过监控指标、处理瓶颈和障碍来优化工作流。团队可以使用 Scrum 事件来分析不同的度量结果，并定义和实施策略来改进它们。

以上我们只是简单地介绍了 Scrum 团队如何使用看板来优化他们的工作。要想了解更多，请阅读 Daniel Vacanti 的相关书籍：

- *Actionable Agile Metrics for Predictability: An Introduction* [Vacanti15]
- *When Will It Be Done? Lean-Agile Forecasting to Answer Your Customers' Most Important Question*[Vacanti18]

在 Scrum 环境中使用看板的优点是团队能专注于有效性和效率。Scrum 框架专注于产品价值和在短周期内达到目标，试图实现并提高人们做对事的能力（有效性）。看板、关注流动与专注消除工作流中的障碍都能提高这种有效性。

公司 CEO 叫来了 Scrum Master，他似乎有些困惑："产品负责人告诉我，我们的开发团队达不到我们需要的速率。这是真的吗？”

Scrum Master很惊讶，她没有意识到产品负责人和她的老板已经讨论过团队的速率了。

“您说他们没有达到我们需要的速率是什么意思呢？”

“据我所知，速率描述的是团队在一个Sprint中完成了多少工作，”CEO解释道，“从现在的情况来看，这还不足以达到我们计划的目标。因此，我们需要提升速率，对吧？我想知道我能帮到什么？”

“您说得对。速率用来衡量开发团队在一个Sprint中能够完成多少工作。然而，这不是一个性能指标，而是一个规划指标。我们应该专注于度量价值创造，而不是我们的团队有多忙。不如我们问问产品负责人她是否有空，我可以告诉您更多关于这个问题的信息。我认为这个话题她也很感兴趣。”

“好主意。我们三个人今天下午能见个面吗？”

3.2.4　如何度量成功

前面场景中Scrum Master的反应是非常典型的。许多公司的度量指标很容易收集，但往往没什么意义，而速率是首位组织滥用指标。速率度量的是在一个特定的Sprint中可以完成多少工作，但是它没有也不能度量这个工作有多少影响或价值。换句话说，如果组织以速率来衡量绩效，就会创造出忙碌的员工，而组织真正想要的其实是快乐的客户。

组织需要从基于输出的度量转换为基于结果的度量。基于结果的度量指标度量的是工作的影响，而不是工作本身。在由 Ken Schwaber 和 Scrum.org 开发的基于证据的管理（Evidence-Based Management，EBM）框架中，可以找到许多 Scrum 团队可以使用的度量指标样本。EBM 着眼于组织通过其产品或服务产生的价值。该值来自四个关键的价值区域（KVA）[⊖]：

- 当前价值（Current Value，CV）：今天交付给客户或用户。
- 未实现价值（Unrealized Value，UV）：可以通过满足客户或用户的所有潜在需求来实现。
- 创新能力（Ability to Innovate，A2I）：有效地提供新的能力，以更好地服务于客户或用户的需要。
- 上市时间（Time to Market，T2M）：交付新功能、服务或产品的速度。

组织应该确定自己想要关注的每一个 KVA 中有意义的指标，然后对其进行度量和改进。由于这些指标关注的是产品价值，因此它们体现了我们的工作对客户和用户的作用。

改进可以从 Scrum 团队的常规 Sprint 周期开始。产品负责人将在 Sprint 评审会期间向利益相关者更新度量指标的当前状态。在 Sprint 回顾会中，Scrum 团队决定哪些指标（如果有的话）可以改进，以及如何改进，然后实施这些改进，并监控这些变化。这种小步的持续循环改进可以随着时间的推移产生显著的结果。

第 6 章详细讨论了指标以及如何使用它们来驱动价值优化。

⊖ 详见 https://www.scrum.org/resources/evidence-based-management。

3.3　如何改进跨职能

Scrum Master 已经向她的 CEO 和产品负责人解释了基于结果的指标。她正要结束会议，被 CEO 打断了。

“既然你已经来了，前几天还提出了一个问题，那就继续吧。我们整个开发团队都致力于一项任务，这是正确的吗？你能再给我们讲讲吗？”

“是的，团队已经决定尝试 mob 编程[⊖]，”Scrum Master 解释道，“到目前为止，这种经验似乎很有希望。”

CEO 和产品负责人看上去有点怀疑，但很好奇。“但这听起来不是很有效率，”这位 CEO 说道，“我同意有时与整个团队分享知识是件好事，但我觉得有点过了。这样有什么好处呢？”

3.3.1　协作是改进的驱动力

在跨职能团队中，协作是实现高绩效的关键方面。协作使团队变得跨职能，这有助于其成员分享知识和技能，并建立共同的理解。

由极限编程 [XP][Beck04] 引入的一种流行的协作形式是结对编程。两个软件开发人员相互协作：一个是“驾驶员”，负责编写代码；另一个是“导航员”，负责检查代码并提供即时反馈和改进方法。他们频繁切换角色，以避免陷入其中一个或另一个角色。这乍

⊖ 3 个或 3 个以上程序员，用一个键盘协作的编程形式，可以理解为结对编程的扩展版。——译者注

听起来像是对开发能力的浪费，其实是提高技能的好方法。

团队成员结对地分享关于业务领域、代码库、技术实践、工具和工作方式的知识，创建了一种共同的理解，有助于减少因误解而引发的差错，并使代码更容易维护；创造了一个完美平衡团队成员间长处和短处的环境；打破了个人专攻领域现象，知识将不再局限于个人之手，必要时团队其他人可以接管。总体来说，这是一种富有成效的方式，可以帮助一个团队找到共同的工作方式，并习惯彼此的长处和短处[㊀]。

mob 编程，尽管存在争议，但它是建立在结对编程之上的一种技术。这里不是两个人，而是整个团队协作。他们共用一个空间、一个屏幕和一个键盘。mob 编程与结对编程有同样的好处，但影响更大，因为它涉及整个团队，而不仅仅是个人。

尽管结对编程和 mob 编程都起源于软件开发，但这些概念可以移植到任何类型的工作中。以下是一些以非软件为中心的客户使用这一理念，并以结对或 mob 的方式工作的例子：

- ❑ 有关文件、合同或报价的法律工作。
- ❑ 新产品开发前的用户界面概念工作。
- ❑ 金融产品风险建模。
- ❑ 在人力资源部门中创建和验证工作概要。

目前没有以结对或 mob 形式合作的团队通常会担心组织会做出和前面场景中的 CEO 一样的反应。我们建议从一些小的方面开始进行结对工作，并时常度量结果。我们的经验是，结对工作最终

㊀ 参见布鲁斯·塔克曼的团队发展阶段模型的规范期。

并不是低效的，通过更多地关注解决方案而提高质量，比坐在同事身边帮助他们并与他们一起学习而“损失”时间更有意义。

如果这些小实验没有产生负面影响，那么一个团队就可以开始进行更大胆的实验了。他们可以建立一个 mob 工作会议，并测试它怎么样，根据经验度量什么有效，什么无效。多做有用的事，不要做没用的事。

> 稍后，开发团队会在每日站会中规划一天的工作。
>
> “在今天早上的 mob 编程会议之后，我想用存储患者记录的新方式修复这个缺陷，”一个开发人员说，“我对应用程序的这一部分一无所知，我想了解一下。谁能帮助我，和我一起做这件事？”
>
> 数据专家很惊讶，但还是笑了：“这是个好主意，我很高兴能和你一起工作。我得先完成手头的工作，不过做完后我就有空了。你觉得怎么样？”
>
> “太好了，谢谢。您什么时候准备好了就到我桌前来，我们就可以开始了。”

3.3.2　每个人都需要做所有的事情吗

这个场景说明了刚接触 Scrum 的团队面临的一个常见挑战：跨职能是否意味着每个团队成员都必须能够处理所有事情？自组织是否意味着每个团队成员都可以选择自己做什么？

一般来说，是的，这就是跨职能和自组织团队的意义所在。然而，还有一些细微的差别值得我们反思。

的确，Scrum 并不认可开发团队中的专家或子团队。它是一个跨职能的团队，能够一起交付可发布的产品增量。但是这种可发布性的责任意味着团队必须选择最好的方式来交付一项工作。在这种情况下，“最好”指的是具有所需的质量，并尽可能降低风险。

在前面的例子中，一个没有经验的开发人员想要从事他感兴趣的工作。这很好，但他自己做会有风险。所选择的工作对于要实现的功能是至关重要的，而且因为他缺乏经验，他的决策可能会影响整个团队的工作质量。这位开发人员可能不具备这项工作需要的经验和专业知识。

寻求支援是一种用来打开对话，表现出学习的意愿，并找到一个可以学习的伙伴的很好的方式。专家可以领导这项工作，并可以教他的同事如何修复患者记录存储组件中的缺陷。结对增加了团队的专业知识，并帮助其变得更加跨职能。

另一个值得一提的点是，在自组织团队中，每个人都可以选择从事什么工作。补充一下，这通常是正确的。一个自组织的团队选择自己的工作方式，但是同样的自组织并不能单方面地适用于团队成员。在没有咨询其他团队成员的情况下，他们不能选择任何他们想做的事情。团队应该找到解决具体问题和完成工作的最佳方法。如果前面场景中的开发人员只是声明他将开始修复这个缺陷，那么团队中的其他人应该发言并开始讨论这是否是处理这个关键任务的正确方式。

我们经常看到团队成员不愿意提出他们的担忧，因为他们不想引发冲突。人们脑海中通常想的是“现在应该有人站出来说”。是的，应该有人站出来说，这个人可以是团队里的任何人。

我们建议团队成员在感觉到事情正朝着错误方向发展时大声说出来。从己方阐明你的疑虑，不要攻击你的团队成员。我们发现询问比陈述更有效。所以，与其陈述说："你不应该做这件事，因为你缺乏专业知识。"不如询问他："我担心这件事风险太大，就连第一步都很难迈出。我们作为一个团队，如何才能降低风险，同时又让你继续研究这个你感兴趣的课题呢？"

Scrum 团队在处理 Sprint 待办列表时，需要仔细权衡风险与个人及团队利益。要是出了问题，Sprint 回顾会是一个讨论的好场合——讨论引发问题的一连串事件，以及如何在将来规避这个问题。进行无追责的事后分析（blameless postmortem）是一个解决这个问题的好办法。

无追责的事后分析

为了充分利用错误，我们需要使用它们作为数据源来挖掘和生成学习。

2012 年，约翰·奥尔斯波（John Allspaw）写了一篇关于 Etsy 如何处理错误的博文。他采用了一种无追责的事后分析（blameless postmortem）的形式。Postmortem 在拉丁语中是"死后"的意思，通常用来描述对死者进行检查以查明死因。在错误发生后也可以（而且应该）这样做。

团队和组织通常会进行这些事后分析，但关注的是错误的事情：他们试图找出谁应该为错误负责。而更重要且更有价值的问题应该是：导致错误的一系列事件是什么？我们能从中学到什么？我们要如何改变我们的工作方式才能避免重蹈覆辙？

这就是“无追责”的正确使用。一个无追责的事后分析关注的是过程，而不是人。这样做可以让每个直接参与的人更容易以事件发生的方式来分享这些事件，并帮助他们专注于创造知识，以避免将来犯同样的错误。

“总是这样，”产品负责人抱怨道，“在 Sprint 期间，一切似乎都很顺利，偏偏在最后两天出现问题。原因是在运行测试时总是会出现错误。我们如何才能避免这种情况呢？”

开发团队尴尬地沉默着。没有人想第一个发言。几秒钟后，一位开发人员试图解释道：“你说得对，确实很烦人。我们努力实现我们的功能，一切看起来都很好。在 Sprint 接近尾声的时候，我们就能测试我们的功能了，有些事情不像预期的那样发展。可这些错误又必须要修复，在 Sprint 的最后几天打乱了我们的计划。”

“但我们只有在执行功能的时候才能测试它啊，”另一个开发者补充道，“当我们还在做某件事的时候，我们应该如何进行测试呢？”

3.3.3 使用测试先行的方法

这是一个有效的问题：当我们还在做某件事的时候，我们应该如何测试呢？

许多组织和团队受到（软件）项目阶段驱动方法的严重影响。每个阶段都紧跟着另一个阶段，而测试通常是倒数第二个阶段，随即是某个解决方案的有效使用。乍一看，这种方法背后的原因是有道理的：如果我们构建的每一个新东西都可能使已经测试过的结果无效，那么我们应该在所有东西都构建好之前，先不进行测试，这样我们就可以最大限度地减少必须进行重复测试的次数。

这种想法在复杂的环境下是错误的。因为 Scrum 以很小的工作增量来交付解决方案，每个解决方案都是可以发布给客户的，而且每个解决方案都可能为他们创造价值，也可能无法为他们创造价值，所以变更是不可避免的。客户反馈本身就会导致团队不得不做出变更，然后重新测试该工作项并再次发布。出于这个原因，团队需要善于重新测试，且需要做很多这种工作。

这会导致重大后果。对于一个必须在相当长的一段时间内解决的复杂问题，几乎不可能在工作周期结束时进行手动测试并重新测试解决方案的每个方面。因为手动测试跟不上进度，团队必须采用自动化测试。

自动化测试的一种方法是从预想的最终结果着手，并使用一种源自软件开发的思路：测试先行。这种方法可以解决所有的问题，无论大小，回答：我如何验证我做了正确的事情？这种想法改变了往常的测试方式，即在实现了后再进行测试。

在测试先行的方法中创建的第一件事是测试。对于产品的最终用户功能，这意味着我们必须考虑客户在特定的环境下想要用产品做什么，以及应该产生什么结果。然后以可执行的方式描述该测试，甚至可以在手动测试过程中循序渐进地描述该测试。在解决方案实施过程中，参与工作的人可以在每个点上检查解决方案是否符合测试计划。

理想情况下，团队将编写这个测试过程并使其自动化。这样一来，每次变更都可以重新执行它，几乎不需要任何成本。这对于软件解决方案来说很容易，对实体产品来说也是有可能的㊀。

3.4 应对不断的变更

两个开发人员坐在一起讨论源代码变更。他们正在开发一个产品待办事项，为现有特性增加一些功能。

“好了，可以，”其中一个说，“我们可以提交变更然后就完成了。我们接下来应该做些什么？”

另一个人则不同意。“我认为我们不应该就此止步，”她说，“我们已经对现有的代码库做了很多变更，变得不那么一目了然。我们应该重构代码，让它更整洁一些。”

“但这不是这个变更的一部分。让我们在明天的每日站会中讨论这个问题。如果其他人同意，我们可以与产品负责人谈谈，并在产品待办列表中添加一个重构标签。”

“不，我不想让代码这样运行。我们一致认为整洁和结构良好的代码是‘完成’定义（DoD）的一部分，但我们还没有实现这一点。”

3.4.1 为什么重构是必选项

重构意味着在不改变外部行为的情况下改变代码的内部结构。

㊀ 在软件行业中，这种工作方式通常被称为实例化需求或验收测试驱动开发（ATDD）。欲了解更多信息，请阅读 Gojko Adzic 的著作《实例化需求》[Gojko11]。

它常用于软件开发，但其背后的思想与其他领域也是有关联的。当功能不断变化时，过去对产品的变更并不总是符合当前的需求。当这种情况发生时，产品就需要进行调整，即使这样做不会直接增加客户价值。

如果不进行重构，产品的质量就会下降。后续工作会变得越来越困难，因为你会花费越来越多的精力在解决问题上，却没有在价值和创新方面取得任何实质的进展。

重构是开发团队的职责。团队对其交付产品的长期质量负责。这一职责包括清理曾经有用但现在不再起作用的代码。

正如工厂老板不需要征得客户的同意来重组车间以更好地满足当前的需求一样，开发团队也不需要征得产品负责人的同意来进行重构。这是团队的职责。

那么，一个团队如何才能不断地进行重构呢？重构有不同的类型。马丁·福勒是《重构：改善既有代码的设计》[Fowler18] 一书的作者，将重构从更广泛的重组概念中分离出来。他保留了“重构”这个术语，重构指的是在几分钟内不破坏功能的非常小的变更。重构也适用于可能使系统在较长时间内处于不可构建状态的重大变更。在 Scrum 中，我们更倾向于一个不断的小变更和频繁的可发布增量，而不是一个正在进行大规模构建却又无法构建的系统。

最简单的重构形式会出现在团队处理产品的一部分时：某人在处理变更时意识到代码结构混乱，并在几分钟内修复它。开发人员应该意识到这种不断的重构需求，并且应该睁大眼睛查看他们的产品结构。采用结对、mob 或者同行评审，可以帮助团队认识什么时候可能需要重构。

在没有充分重构的情况下进行一系列的小变更可能会导致大规模的重构。开发团队可以接触到系统中需要重组的部分，应该讨论如何在进行下一次变更时改进代码结构。

重构和重组都不需要产品负责人参与。这些任务是开发团队日常工作的一部分，是开发团队工作的自然组成部分，就像切换不同任务的工具或与同事讨论一个开放问题。换句话说，重构是工作的一部分，包含在团队的速率中。

有时需要进行大的变更，例如当开发团队发现了解决问题的新方法，需要对现有代码进行大量变更时，当一个不可预见的特性需要进行重构来实现时，当新技术需要重组时。

在这些情况下，开发团队需要与产品负责人进行讨论。我们的经验法则是，当预期的工作将花费超过几分钟或几个小时，并对团队的当前 Sprint 的预测产生影响时，应该通知产品负责人。如果团队在 Sprint 启动之前意识到需要重构，他们可以在梳理过程中把信息添加到产品待办事项中。如果团队在进行变更时发现需要重构，则团队成员必须决定是在当前的 Sprint 中变更范围，还是在之后的 Sprint 中变更代码。如果他们决定在后续的 Sprint 中完成这项工作，他们就会创建一个产品待办事项来展示需要完成的工作。

参与这些讨论的产品负责人总是可以询问更多的信息，说明为什么这种重构是必要的，以及它有多重要。正如汽车维修人员告诉车主需要大修时，车主应该信任维修人员一样，当开发团队要求对产品进行重大变更时，产品负责人也应该信任他们的开发团队。

3.4.2　在变成大问题之前解决它们

前面的场景是一个很好的例子，说明了在重构和连续变更方面的另一个重要点：在小问题成为大问题之前解决它们会更容易。

当你在做某件事并发现一个问题时，你已经做好了解决这个问题的心理准备，这样问题就很容易解决了。当在一些没有人处理的事情中发现了一个问题时，解决它是很困难的：必须有人停止他目前的工作，然后花时间和精力去理解这个问题和需要修复的代码。只有这样，他才能解决这个问题。这个人工作的环境变化越大，需要付出的努力就越多。

因此，Scrum 团队应该避免推迟工作。问题常会出乎意料地发生。一个团队想继续其计划路线，把问题留待日后解决是很自然的。至少对于小问题来说，较好的做法是调整计划并立即完成意料之外的工作。至少，团队应该明确决定是否应该立即解决问题，或者推迟解决，而且可能会因为重新创建问题的思维环境而付出代价。

当不确定时，团队将作为一个小组讨论这个问题。这并不意味着团队中的每个人都必须参与其中，但让他们参与进来可以对是现在解决问题更好还是日后解决问题更好提供新的观点。如果他们决定推迟，那么应该尽量缩短推迟时间。有时，他们可以做一个临时的应急措施，使问题变得不那么棘手，而不必完全解决它。应急措施的积极影响是团队能够完成工作，并在精神上把它勾掉。因为未完成的工作往往会出现在我们的脑海中，分散我们的注意力。

> Scrum Master 和产品负责人在厨房会面。产品负责人表示很高兴能够赶上进度。

“你好，”她说，“开发团队进展如何？我已经好几天没在办公室了，现在有点不了解情况。”

“哦，很困难。团队的一台笔记本电脑在上周末出了故障，直到今天才更换。两名开发人员一直全职结对，而不是像往常那样按任务结对。”

“这很糟糕。为什么花了这么长时间？难道就不能买一台新的笔记本电脑吗？”

Scrum Master 笑了：“不，这本应该是可能的。问题不在于买不到新的笔记本电脑。问题是我们必须通过官方流程。我们是一家小公司，但按照我们现有的流程，你会认为我们是一家大公司。除了填写表格，让他们签字，并与我们的 IT 部门讨论下一步之外，我几乎没有做其他事情。”

3.4.3 根据原则而不是规则工作

许多组织的流程并不是按照 Scrum 团队的需要来设计的。团队成员不情愿地变成了流程的俘虏，流程不响应人员和团队的需求，反而满足拥有流程的官僚机构的需求。

年轻的组织一开始就没有什么流程和规则，决策是临时性的，且几乎不关心决策的一致性。随着组织的发展和更多的人对协作的需求，它会开发流程并应用各种规则。

这本身是正常和健康的，人们需要规则体系来与团队之外的人合作。几条简单的规则是好的，但是随着规则数量的增加，问题就开始出现了。官僚机构创造了新的规则来解决旧规则中的问题或漏洞，因此它们随着时间的推移而逐层制定规则，而不是解决问题的根本原因。

更好的工作方式是使用原则。原则比前面描述的规则更广泛。

谷歌的“节俭”是好原则的一个例子。谷歌的员工接受这个原则，不浪费谷歌提供的资金和其他资源。例如，谷歌没有严格规定员工在商务旅行时可以花多少钱坐飞机或住酒店。谷歌以价格区间作为通用指南，说明这类旅行通常需要花费多少钱，然后它信任员工能做出适当的决策。这一原则删除了许多关于预订和核算的规则。它还授权员工做正确的事情，并把他们当作成年人和负责任的人对待。

在前面的场景中，购买笔记本电脑的流程被设置为集中采购，以便公司在订购设备时节省资金。问题是，这降低了团队成员的有效性，公司损失了更多的钱，因为他们不能及时更换电脑。

虽然原则可能被滥用，但风险很小，且很容易通过决策透明来避免。在这个场景中，如果该公司能够建立一个指导原则，即只要团队保持在其总预算之内，就可以在其认为必要的情况下花钱，而不需要冗长的流程，那么该公司就可以避免时间和生产力的损失。提高团队的生产力、动力和满意度带来的好处远远大于集中采购的折扣带来的好处。

从基于规则的治理转变为基于原则的治理通常需要经过一长串小步骤。在示例中，当管理层认真对待 Scrum 团队的抱怨并努力减少其流程开销时，改变就开始了，这样团队就可以变得更高效。

该组织没有采用新规则来治标，而是选择了能够在提高效率的同时增强赋权和问责制的替代办法。

在这种情况下，我们发现一个有用的问题是：我们需要改变组织环境中的什么，以防止这个问题再次发生？这个问题应该在接受 Norman Kerth 的最高指导原则 [Kerth01] 下回答：

无论我们发现了什么，考虑到当时的已知情况、个人的技术水平和能力、可用的资源，以及手上的状况，我们必须理解并坚信：每个人对自己的工作都已全力以赴。

——Norman Kerth，《项目回顾：项目组评议手册》

3.5 总结

补充实践帮助 Scrum 团队实现 Scrum 框架。这些做法是针对具体情况的，因此并不是每种实践对每种情况、每个团队或组织都有用。

我们描述的实践是我们已经看到的用于组织和团队的示例。你可能也会发现它们很有用，但不要觉得非要用它们不可。如果你至少面临本章中描述的一些挑战，那么你可能需要尝试其中的一些实践。

随着经验的积累，你将发现你的补充实践将不断发展和变化。随着时间的推移，一些实践可能会变得不那么有用，因为你找到了其他方法来代替它们，而你会随着你学到更多的东西来改进其他的实践。阅读书籍、浏览博客和文章，或收听播客、观看网络研讨会、参加会议和聚会来学习他人的经验，可以帮助你应对当前的挑战。

如果你在别人的实践中找不到你想要的信息，为什么不创建你自己的补充实践呢？你有一个由聪明能干的同事组成的团队，他们了解问题的来龙去脉，并能提出解决方案。如果你想创建补充实践，你可能会想把它写下来，或者在某次与同事的偶遇中或会议上提及它。

寻找新的和改进的实践来改善现状的方法是持续不断的，而且需要时间。组织和 Scrum 团队应该接受这一点，并在自己的 sprint 中腾出时间来执行实验，尝试新的实践、工具和其他方法，以改进自己的工作方式。

发明和共享文化是敏捷和 Scrum 建立成功的基础之一。

4

第 4 章

“可发布”小于“已发布”

在 Scrum 中，开发团队在每个 Sprint 中至少交付一个可发布的产品增量。在 20 多年前 Scrum 刚开发出来时，这可谓是一项革命性创新，因为通常软件项目需要花费数月或数年的时间才能交付可发布的结果。之后发生了很多事情。开发团队一步一步地改进了自己的工作方式，整个软件行业也发生了很大变化。软件开发中的持续集成和测试先行方法，以及其他实践，让团队能够以非常小的批量持续交付可发布的结果。总的来说，这些以及更多的实践统称为 DevOps。

尽管 DevOps 这个术语被广泛使用，但是神话和误解阻碍了 Scrum 团队用 DevOps 来发挥自己的优势。由于 DevOps 没有明确的定义，因此人们对其有多种不同的解读。一些团队认为 DevOps 是 Scrum 的继任者，或认为应用 DevOps 违反了 Scrum 的规则。

那些决定将Scrum和DevOps一起使用的团队往往很难在这两种方法之间找到一个切实可行的平衡点。在本章中，我们将描述DevOps对我们的意义，以及如何将Scrum和DevOps结合起来，以同时获益。

 4.1 什么是DevOps

开发团队在周五下午聚在一起，进行简短的会谈，讨论他们学到的可以帮助改进工作方式的技术内容，并与团队成员分享知识。一名团队成员已经将他们的构建和随后的部署自动化到测试环境中，她希望与同事分享她的专业知识。

“你们看，通过这个简单的部署流水线，我们可以自动部署到测试环境中并执行不同类型的自动化测试。在测试环境中，我们的产品负责人和其他人也可以测试新的功能，并给我们反馈。所有这些都是由我们中的一个人将源代码推入中央存储库而触发的。”

“太好了。这意味着我们现在有了持续集成和持续交付，对吗？”有人问道。

“是的，确实如此。”

“太棒了。这样我们就可以称自己为DevOps团队了，因为持续集成是DevOps的一部分。”

“不，没那么简单，”另一个开发人员说，“我们还需要一个专门的DevOps工程师或DevOps部门。”

"所以 DevOps 是软件研发和运维更紧密地合作的另一种说法吗?"第三位开发人员问道。

4.1.1 它是一个角色……它是一种工具……它是 DevOps

一些软件行业的人认为，DevOps 是由构建自动化工具和应用程序生命周期管理工具等产品实现的（工具供应商经常这么说）。还有一些人认为 DevOps 是一个角色，想要实现 DevOps 的团队需要一个 DevOps 工程师或 DevOps 团队，甚至可能需要一个 DevOps 部门来"做"DevOps。还有一些人认为 DevOps 只是描述软件开发和运维之间协作的一个花哨词汇。

造成这种概念混淆的原因是 DevOps 这个术语从未被定义过。一些 DevOps 社区的思想领袖描述了 DevOps 对他们的意义，但是并没有对 DevOps 做出像《Scrum 指南》中对 Scrum 框架做出的那种官方定义。

最接近 DevOps 定义的是 Gene Kim 和他的合著者在《DevOps 实践指南》[Kim16] 一书中描述的 DevOps 三步工作法，这三步工作法描述了 DevOps 实践和工具背后的价值观与原则。他们描述了一种理念和文化，在这种理念和文化中，软件开发能以较小的风险交付更好的结果。

DevOps 三步工作法

第一步：系统思考

组织考虑的是产品开发的整个价值流，而不仅仅是其中的一部分。第一方法的目标是优化整个系统，而不是一个小的子系统，比如一个团队或一个专家孤岛。这种优化主要是提高系统内的质量和流动性。

第二步：增强反馈回路

创建并增强反馈回路。这意味着可以快速、频繁地收集关于价值流结果的反馈。反馈回路是围绕价值流整体与其内部而创建的，能够生成对工作方式与工作结果的理解和知识，并为如何进一步优化系统带来一定见解。

第三步：持续实验和持续学习的文化

组织文化在不断地评估与更新。失败是实验的正常结果，是不可避免的。然而，失败需要带来学习和新的见解，以帮助进一步改善环境。因此，组织需要研究方法来确保失败不会导致灾难，而是增加人们的理解。从错误和失败中学习，应用新的知识，使系统更加强大，更具弹性。

资料来源：https://itrevolution.com/the-three-ways-principles-underpinning-devops/。

使用这三步工作法的团队和组织会持续改进他们的工作方式，包括他们的流程、工具和协作。追求 DevOps 方法使他们改进流程、工具和角色描述，但这些并不是改进的源头。

当我们与那些想要进一步了解 DevOps 的团队合作时，我们总是从这三步工作法开始。然后我们会询问他们认为哪些工具、实践或者其他什么东西会有助于他们实现其中某一特定工作法。这样有助于他们将注意力从如何做（How）转移到为什么做（Why）。

4.1.2 DevOps 与工具有何关系

自动化通常对通过 DevOps 实践取得更好的效果至关重要。构建和部署自动化、测试自动化和基础设施配置自动化只是帮助团队“走”这三步工作法的几个实例。持续部署、容器化和容器编排只能通过工具实现。然而，工具并不是 DevOps 最重要的方面，它只是达到目的的一种手段。工具帮助团队改善他们的工作流程，创建和增强反馈，并创造了一个环境，在这个环境中，实验和学习能蓬勃发展，而且不会引入不稳定因素。

开发团队大多会离不开工具：工具对解决问题来说是有趣且必要的，它们帮助团队实现目标并为客户创造价值。但是工具不能取代团队内部的沟通和协作。有时，过度依赖一个工具实际上会损害协作。

在你开始使用一个工具之前，问问自己为什么需要它。它会帮助你改进整个系统吗？它能提供必要的反馈来帮助你增加知识和理解吗？有没有可能在实验和学习的同时降低造成损害的风险？

Scrum 的 Sprint 回顾会是讨论流程、工具和协作方式改进的天然场所。当团队成员坚持使用工具解决问题时，要询问他们上述这些问题，同时寻找其他方法来实现期望的结果。团队成员通常已经有了改进当前工作方式的方法，只是没有有效地使用它。引入一个工具可能只会使问题复杂化，并引发新的问题，所以你要谨慎选择，并充分意识到添加该工具的优点和缺点。解决复杂问题通常需要工具，团队需要了解能够帮助他们的最先进的技术，但最终，请记住那句老话：有工具的傻瓜还是傻瓜。

这些警告同样适用于 DevOps 实践，包括基础设施即代码和持续交付。

> “我听说你现在在做 DevOps，”销售部门的经理在进入 Sprint 评审会时说，“你们已经意识到仅仅把开发和运维联合起来是不够的，对吧？我们销售部门希望确保把业务问题和客户观点也考虑进来。我们读过一些关于这方面的文章，我们认为我们应该使用 BizDevOps。”
>
> 一个开发团队成员在准备回答时深深地吸了一口气，然后说：“很高兴您对我们如何改进跨部门协作感兴趣。让我向您解释一下 DevOps 的含义，以及我们如何努力建设 DevOps 的文化和理念，我们能在明天 Sprint 开始后再谈吗？”
>
> “当然，你能给我发个邀请函吗？”

4.1.3 DevOps 就够了吗

DevOps 这个术语是由软件开发人员和运维专业人员边喝啤酒边创造出来的。其背后的一般想法是让开发人员（Dev）和运维专业人员（Ops）合作，以实际向客户发布产品增量。随着越来越多的人对向客户发布产品增量的影响感兴趣，这个术语原来的范围也就扩大了。

因此，人们试图向 DevOps 添加特定的主题，如业务、安全、软件架构等。他们的想法是，DevOps 只涉及软件开发（代码和配置的生产）和运维（运行 IT 基础设施和系统），所以提议将 DevOps 扩展为“BizDevSecOps”，甚至更长的缩写串。

正如我们所描述的，DevOps 的第一步工作法试图理解产品开发的整个价值流，并改进其流动过程。这个价值流包括软件开发中所必需的一切，从某人有了改善客户体验的新方法开始，到产品实际向客户交付新价值。从我们的角度来看，没有必要在 DevOps 中添加更多的术语。DevOps 理念可以应用于所有创造价值的工作流，我们希望每一个工作流都是如此。DevOps 的文化和实践也不局限于软件开发，还可以成功应用到软件开发之外的地方。

其中一个例子就是经常使用的口号“自动化一切”。指的是第一步、第二步和第三步工作法，随着自动化增加流动，可以增强早期反馈和持续反馈，支撑小的和低风险的实验并且循序渐进地学习。铭记此目标，查看价值流的每个部分并检查哪些可以自动化。值得关注的是一个流程中有多少部分依赖于容易出错并增加总体风险的手工工作。

因此，我们不仅与软件开发团队，而且还与每个涉及在价值流中创造价值的团队一起讨论 DevOps 的理念、文化和实践。DevOps 的文化方面会帮助整个组织改进，主要在第三步工作法中解决。关于“错误文化”：许多组织试图避免错误，因为他们将其认定为故障的迹象。DevOps 的第三步工作法和 Scrum 都将错误视为测试假设的一种方法。从失败和错误中学习的组织能够提高他们系统的弹性。避免所有错误会导致这样一种环境，在这种环境中，一个确实发生的错误通常会对系统产生灾难性的影响。在弹性系统中，错误是常态，从它们中学习有助于使系统变得越来越有弹性。

4.2 如何结合 Scrum 和 DevOps

公司里的大多数人都不知道 DevOps 这个术语——只有

少数来自 IT 部门的人熟悉它。至少，在某天早上 CEO 进入 Scrum 团队房间之前，情况是这样的。

“我听说许多团队已经把 Scrum 抛之脑后了，正在做一个叫做‘DevOps’的东西。显然，这个 DevOps 是非常流行的，并使公司能够持续交付软件。我想让你调查一下，看看我们是否也可以从 Scrum 转移到 DevOps。”

他刚进房间就又走了。

4.2.1 DevOps 正在取代 Scrum 吗

众所周知，不成熟的管理者总是在寻找下一个能解决他们所有问题的银弹，这导致一些组织认为他们需要在 Scrum 和 DevOps 之间做出抉择。

DevOps 和 Scrum 在敏捷理念方面根源相同。Scrum 的历史可以追溯到 20 世纪 80 年代中期，而 DevOps 这个词直到 2009 年才被创造出来。因此，Scrum 和 DevOps 的历史和术语又略有不同。

当 Scrum 谈到“潜在可发布的产品增量”时，DevOps 三步工作法谈到闭合和增强反馈回路以及优化整个系统。然而，它们的核心都在于改进团队中的跨职能协作，以解决复杂的适应性问题。围绕 DevOps 理念开发的工具和实践比 Scrum 框架描述的要具体得多，但 Scrum 中没有任何妨碍使用 DevOps 实践和工具的东西。

当我们与客户讨论 Scrum 和 DevOps 时，我们总是回到规则、实践和工具背后的价值和原则上面，以理解为什么有些事情应该做。充分的理由使得比较和挑战潜在解决方案比关注是什么

（What）和如何做（How）更容易。了解他们的目标，可以让团队更容易决定是使用 mob 编程还是测试先行的方法来实现它。

回答本节的问题：不，DevOps 并没有取代 Scrum。这两种方法是相辅相成的，并不相互竞争，我们将在本章后面进行讨论。

> 直到 CEO 离开房间，Scrum 团队依然是一片茫然。在过去的几周里，团队在寻找改进软件开发方法的途径时，也对 DevOps 实践和工具进行了讨论。而 CEO 的出现又一次重启了该讨论。
>
> “我真的认为我们应该更频繁地进行生产部署，”一位开发人员说道，“对于我们的后端服务来说，这应该很容易实现，至少对不会改变我们移动客户端使用的接口的更新来说是如此。这样，我们就能够更早地闭合反馈回路，并验证更新是否有价值和帮助。随着时间的推移，我们甚至可以更频繁地部署我们的移动应用程序和厚重的客户端。”
>
> “是的，但这是违反 Scrum 规则的，”另一个开发人员回答道，“你只可能在 Sprint 结束时才有一个可发布的产品增量。它必须首先在 Sprint 评审会上签发。”
>
> “不，我认为不是这样的。《Scrum 指南》说我们必须在一个 Sprint 的末期有一个可发布的产品增量，但它并没有说我们不能提前实现。”
>
> “但是，如果没有 Sprint 评审会，我们如何获得签发呢？”

4.2.2 Scrum 允许持续部署吗

在 Scrum 最初开发时，对于许多软件开发团队来说，每四周交付一次可发布的产品增量是革命性的，甚至是不可能的。自那以后，发生了很多事情。持续集成现在是大多数Scrum团队的常态。这意味着源代码或配置的变更经常签入中央版本控制的代码存储库中，从而触发即时的集成和验证。

这样做可以减少不兼容的代码和配置变更的积攒风险，并使后续的、不频繁的（通常是手动的）集成变得不那么复杂、昂贵和棘手。

然而，持续集成只是到此为止。软件产品中的许多问题和bug只有在最终产品不同阶段的部署和测试中才会被发现。通常每个阶段负责一种类型的检查或验证（例如，端到端功能测试、负载和性能测试、安全测试）。因此，许多团队扩展了他们的持续集成流水线，以在不同阶段的系统上都能交付和验证。

最终的验证需要一个持续部署流水线，使开发团队能够通过不断地集成和测试每个阶段环境上的每一个变更来建立对产品的信心，然后成功的变更可以作为其最后一步自动部署到生产中。这就是所谓的持续部署，这是一个很好的例子，充分展示了DevOps的三步工作法都是如何工作的：它改进了从想法到客户体验的工作流；创建了一个有助于改进整个系统的反馈回路；创造了一个环境，在这个环境中，频繁地部署到生产可以降低产生致命故障的风险。

这与《Scrum指南》中描述的Scrum规则没有任何冲突。正如前面场景中的一名开发人员正确指出的那样，《Scrum指南》对Sprint的最低要求是能在结束时有一个可发布产品增量。更频繁地交付可工作产品的团队会超额完成这一最低要求，并能够从DevOps的三步工作法中获益。

当团队考虑持续部署时，他们经常会提出一个问题：难道不应该在客户使用产品之前，通过 Sprint 评审会对产品增量进行检查吗？这个问题涉及两个方面：

- Sprint 评审会是签发产品增量的事件吗？
- 关于产品增量生产交付的最终决策由谁来做？

Sprint 评审会是一个创建透明度并生成反馈的事件。Scrum 团队想要透明化他们在上一个 Sprint 中实现了什么，也就是 Sprint 目标和由此产生的产品增量。基于这个产品增量，团队希望从利益相关者那里收集关于产品增量的反馈，以进一步提高它所创造的价值。如果关于发布的签发是必要的，那么它应该是产品增量的“完成”定义的一部分，并且应该作为持续部署流水线的一部分在 Sprint 期间完成。

第二个问题特定于产品开发环境的具体情况。关于功能的可生产性发布的决策通常是一个业务决策。在 Scrum 中，这意味着产品负责人应该对是否将一组特性交付给客户拥有最终发言权。如果产品负责人有足够的信心可以满足质量预期，并且不需要进一步的（手动）检查，那么他可以把这个决策交给持续部署流水线来做。如果强制规定需要手动审批，那么许多持续集成和持续部署的解决方案甚至也可能需要手动审批。

继续实现持续部署的一种方法是将产品中需要审计和签发的部分与系统的其余部分分开。由于产品负责人希望从业务的角度决定何时更新或何时让客户使用具有新功能的产品，开发团队可以采取技术措施，让这种使用变得可配置。如果你有兴趣深入了解这个主题，请研读特性开关或特性切换。

在按照CEO的要求尝试了不同的方法并使用DevOps之后，Scrum团队坐下来回顾到目前为止取得的成功。

“我仍然认为我们在使用所有这些新工具和实践时存在太多的问题，”一个开发人员说，“我们的构建和部署自动化有时有效，但多半时候失败了。其原因并不总是我们的错误，而是脚本或基础设施中的一个小故障。”

“而且我们没有取得足够的进展，”产品负责人抱怨道，“所有这些对基础设施和自动化的摆弄妨碍了价值的交付。”

“的确如此，但这是我们进一步向DevOps迈进的必要前提条件。CEO明确要求我们这么做。你当时也在场，听到了他的要求吧。”

“但是Scrum不是遵循了DevOps三步工作法其中之一吗？”另一位开发者问道，“我的意思是，我们正试图端到端地交付一个产品，我们有Scrum事件来闭合不同层次的反馈回路，并且一直在优化我们的实践、工具和流程。”

4.2.3 Scrum原则和DevOps文化是相辅相成的

我们不会像前面的场景中的最后一个开发人员那样深入，但她在原则上是正确的：Scrum和DevOps是建立在相同的敏捷原则和价值观之上的，即在复杂的环境中迭代工作和以增量的方式实现一个目标。因此，Scrum团队通常会发现遵循DevOps的三步工作法非常容易。然而，DevOps比Scrum更进一步，它将产品的交付（从想法到生产性使用）作为第一步工作法的目标。这需要的不仅是在 Sprint 结束时有一个可发布的产品增量，还要求 Scrum 团队表现出高度卓越的技术与流程。而对大多数 Scrum 团队来说，这是一种理想，而不是起点。

那么，DevOps 的三步工作法是如何融入 Scrum 的呢？

第一步是改进整个产品开发系统，而不仅仅是其中的一部分。这意味着不能脱离整个系统单独提高组织的某个部分（如质量保证）的效率。取而代之的是，需要考虑整个价值流，并对最需要改进的领域加以改进，使整个系统更加有效。Scrum 团队，包括开发团队，作为一个跨职能的团队，在不需要外部支持的情况下，为一个共同的目标开发和交付解决方案。DevOps 的第一步工作法完全符合这种自主性。

第二步是在整个产品开发系统中建立反馈回路，以便快速且容易地发现与目标的偏差。Scrum 事件也有同样的作用：它们通过 Scrum 团队以各种方式（例如，通过 Scrum 工件）所创建的透明度来帮助 Scrum 团队检查和调整系统的特定部分。Scrum 事件是 DevOps 第二步工作法的具体例子。这些事件并不是闭合反馈回路的唯一方式，Scrum 团队还会发现其他有助于他们进一步改进工作的反馈，但它们会特定于环境，因此 Scrum 没有定义它们。

第三步是创造一种文化，在这种文化中，不断的实验会带来持续的、低风险的学习。《Scrum 指南》使用术语（持续）改进来表达同样的想法。与第一步工作法一样，DevOps 的第三步工作法描述了更为严格的改进策略，因为它要求降低风险来鼓励实验和学习。因此，许多 DevOps 实践，如持续集成、持续交付、持续部署、结对编程和 mob 编程，都旨在降低闭合反馈回路的风险。

尝试使用DevOps来发挥自身优势的Scrum团队应该关注DevOps的三步工作法，而不是当前流行的特定工具或实践。正如Scrum的经验主义基础是Scrum团队在Scrum中纠结于某个特定元素或规则时的指路明灯一样，DevOps的三步工作法可以指导Scrum团队进一步改进他们的工作方式。

当与想要尝试一种新的实践或使用一种新的工具的团队合作时，我们通常会问，这种实践或工具能帮助我们做哪些我们目前做不到的事情？这个问题可以帮助我们确定改进的真正需求，并拓宽团队思路，让他们知道还可以做些什么来解决特定的需求。它还有助于防止炒作驱动的实践的使用和工具的安装，不人云亦云。

在Sprint回顾会中，开发团队决定的一项改进措施是专注于修复部署流水线的问题，以改进待测试和验证的更新的交付。这需要在下一个Sprint中进行大量的工作，但团队成功了。现在，他们可以在任何需要的时候可靠地集成、构建和部署新的发布。

两个Sprint之后，产品负责人在与营销团队的人员开会后进入团队办公室。她显然很高兴。

“我的会议很成功。我向营销团队展示了我们为这个Sprint计划的一个特定患者日程安排概述的变更。他们非常喜欢，并希望这个变更能尽快出现在我们的生产版本中。把它投入生产需要什么？”

“包不包括自三个月前我们最后一次生产部署以来实现的所有其他变更？”一位开发人员问道。

“最好不包括。如果这是一个大问题，我们必须与营销和销售团队讨论他们对于在这个时间点进行更大规模的发布的想法。”

“目前，我们无法交付部分发布内容。我们已经讨论了这个问题，因为我们看到了它的价值。通过一种称为特性切换的技术，我们可以交付所有变更，并可以根据需要打开或关闭它们。有几种工具可用于特性切换管理。”

“那太好了。你可以为它创建一个产品待办事项吗？我想在下次产品待办列表精化会上讨论这个问题。”

4.2.4 如何使用 DevOps 改善流动

技术上的卓越本身并不是目的。Scrum 团队需要卓越的技术水平，以便能够以低风险持续交付价值。帮助团队在 DevOps 的三步工作法上取得进展的 DevOps 实践通常会提高技术或流程的卓越性。在前面的场景中可以找到两个例子：（1）可靠地闭合系统任何变更的反馈回路，然后持续集成、构建和验证它们；（2）能够持续交付，并且仍然控制终端用户可以使用的变更。

开发团队需要能够与他们的产品负责人和利益相关者沟通价值交付的度量，以免他们对卓越技术的努力变成毫无意义的练习。

DevOps 三步工作法的目标是改善流动。第一步工作法是通过整个价值创造链来改善从想法到客户的工作流；第二步工作法是通过闭合和增强价值创造链中的反馈回路来改善反馈流；第三步工作法是通过创造和改善环境来改善思想和知识的流动，在这个环境中，持续实验可以带来高学习率。

既然团队在三步工作法中任意一步上取得的任何进展都将改善他们环境中的流动，那么团队如何能够有意识地指导他们的改进呢？

Sprint 回顾会是确定改进流程的绝佳机会，并可以在此期间采取行动。在 Sprint 回顾会期间，Scrum 团队应该看看他们的流程目前哪里受到了阻碍。障碍可能存在于沟通或工作的流程中、反馈的流程中，或由于感知到风险而不愿做出具体改变的过程中。换句话说，团队应该找出当前环境中的瓶颈，并找到管理瓶颈的方法，以提高吞吐量，从而改善流动。这样做将改善瓶颈处的流动，并找出新的瓶颈。通过不断处理当前的瓶颈和改善流动，团队将逐渐地改善其整体流动，变得更有响应能力，并且能够更好地以低风险频繁交付变更[⊖]。

在前两个例子中，团队一开始努力改善其部署流水线中的流动，但无法可靠地闭合一个急需的反馈回路。然后团队研究这个问题，出现第二个瓶颈：更频繁地将变更交付生产的能力。一旦这个瓶颈被移除，组织度量价值的能力就会成为其需要解决的下一个瓶颈。正如所看到的，DevOps 不仅涉及技术，还涉及流程和协作。

我们合作的许多公司都对这种简单有力的持续改进方式感到惊讶。大多数人会问我们一个问题：我们什么时候才能完成这个任务，实现 DevOps？我们的回答是：当你在一个重视持续不断的实验和学习的环境中持续改进流动和反馈时，你就已经实现了 DevOps。然而，改进永不止步。你不妨问问，一个运动队什么时

⊖ 参见 Goldratt 和 Cox 在《目标》[Goldratt04] 中描述的约束理论。

候可以完成提高自身技能这项任务？什么时候仅凭在队里学到和提高的技能就足够了？

4.3 总结

DevOps 对 Scrum 进行了完美的补充，这在 Scrum 最初开发时是无法想象的。理解这一点的组织为持续提高他们交付价值的能力创造了新的机会。然而，要实现这种理解，就意味着要揭穿我们在本章试图明确的许多关于 Scrum 和 DevOps 的误解和神话。

敏捷产品开发的世界不应该是这样或那样的世界，它应该是一个环境。在这个环境中，组织利用他们对机遇和挑战不断增长的理解，学习如何协作以应对它们。

Scrum 是一个很好的框架，在这个框架中，可以使用各种其他想法、流程和工具来进一步改进工作方式。特别是，DevOps 的三步工作法和 Scrum 的原则就像手和手套一样契合。

第 5 章 解决冲突

人们意见有分歧，分歧可能会导致必须要解决的冲突，但并不是所有冲突都需要从外部解决。

在本章中，我们将讨论不同类型的冲突以及如何处理它们，包括：

- 一些甚至可能不被视为冲突，可以由当事各方解决的冲突。
- 需要外部干预才能解决的冲突。
- 已经升级到需要特别干预才能解决的冲突。

由于分歧和冲突是不可避免的，因此 Scrum 团队需要一些策略来应对它们。在本章中，我们将分享一些我们使用过的策略，并讨论 Scrum 团队解决冲突的可选项。

5.1 可以由当事人解决的冲突

开发团队正在开发一项新功能，该功能使执业人员能够处理患者健康保险供应商的账单。两个开发人员在开始实施这一功能之前正在结对设计工作流和组件。

“好，首先我们检索患者的保险信息，然后我们用它来创建发票，”其中一人说。

“但是在工作流中已经有了患者的信息，我们可以直接创建发票，”另一个人回答。

“不，我们只有姓名和联系方式。我们还需要患者的保险公司和保单号码。”

“我不喜欢那样。它会产生一个额外的、不必要的服务调用。我想变更服务接口，这样我们就能接收到患者的数据和保险信息。”

“但这意味着需要更改很多其他调用，因为这个功能在很多别的地方也有用到。”

“是的，也许吧，但没必要更改这些调用，因为它们无法理解这一新信息，只会忽略它。可直觉告诉我，系统中有些地方需要我们用两个调用来获取这一信息。通过对接口进行变更，我们可以在之后再修复那些不必要的服务调用。”

“好主意。我们就这样做吧。”

5.1.1 并非所有的分歧都会导致冲突

所有的冲突都是从分歧开始的，但并不是每一次分歧都会导致冲突。分歧是个人、团队与组织学习和成长所必需的。如果大家一直都没有分歧，那么进步就会停滞，创新也会停滞，大家就会安于现状。

Scrum 团队成员之间经常会产生分歧，在产品待办列表的顺序、一个 Sprint 能做多少工作、如何最好地完成 Sprint 待办列表、如何实现特定的功能等问题上意见不一。他们经常激烈的争论，而局外人可能会看到冲突。大多数时候，这只是一个迹象，表明 Scrum 团队的成员对他们正在做的事情充满热情，并且对最佳行动方案固执己见。

只要争论保持客观，实事求是，参与讨论的人通常就可以自己解决问题，没有必要插手。冲突里的当事人会交换论点和依据，并会努力寻求最好的解决方案。通常，解决方案基于人们讨论时提出的不同想法的最优面。

这些冲突有几个共同的特点：

- 虽然他们充满激情，但讨论局面仍旧是友好的。
- 当事人是交换论据和论点，而不是试图贬低他人或他们的想法。
- 当事人只关注当前问题，不会优先在不相关事件上费工夫。
- 人们可能会试图说服对方，而不是把别人拉到自己这边来建立联盟。

当讨论偏离了这些特征时，冲突就会升级，参与者可能就要帮助解决这个问题。这很简单，可以建议大家休息一会儿或引导大家回到最初的问题上。如果这些建议没有用，那么可能需要更多的干预。

“我试了下你部署到我们的测试环境中的新会计工作流程，”产品负责人在进入团队工作室时说，“在我看来它很不错，我想尽快把它交给我们的客户。你能不能立即发布它？”

开发团队很惊讶。“这个功能还没有完成，”一个团队成员解释说，“它应该有效，但我们必须彻底测试它，因为它涉及金融交易，我们承受不起任何问题。我们还对现有的服务做出了一些重大变更，希望与其他团队进行讨论，以确保我们不会破坏他们的任何功能。”

产品负责人不喜欢这个消息。“这些可以以后再做。我只想把这个功能给到少数几个客户，这样他们就可以试用一下并给我反馈。我知道这个风险并且愿意承担它。”

“我们还是不能部署，”开发人员回答说，“在它准备好部署到生产之前，我们还需要做更多的工作。”

“我是产品负责人，我让你部署这个功能。我对这个产品负责，因此我可以决定某个功能是否可以投入生产。”

“很抱歉，我不同意。你负责做出与部署到生产有关的业务决策。我们负责产品的质量，并根据我们对‘完成’的定义，确保交付的每个增量都是可发布的。在我们实现这一点之前，我们不能也不会将其部署到生产。”

5.1.2 谁有最终发言权

Scrum 指南没有描述 Scrum 团队内部的任何等级制度，也没有描述组织等级制度与 Scrum 和 Scrum 团队之间的关系。Scrum 团队由三个角色组成，各司其职。没有哪个角色是优于其他角色的，然而每个角色都可以在自己的责任范围内做出决策。

产品负责人决定产品的质量标准、如何度量产品产生的业务价值，以及如何使该业务价值最大。开发团队决定其将做什么工作，以提供满足产品负责人质量标准要求的可发布的产品增量。团队全权负责产品开发的工作，团队成员可以自己决定如何做这项工作。Scrum Master 决定如何在自管理和持续改进中最好地支持其他两个角色和周围的组织。在 Scrum 中，没有人可以告诉产品负责人如何排列产品待办列表的优先级。开发团队之外的任何人都不能强迫团队交付没有“完成”的产品增量。也没有人能告诉 Scrum Master 如何帮助 Scrum 团队和组织改善他们所做的事情。

我们合作过的大多数组织都不习惯这种高度的责任和问责制。在传统的等级制度组织中，总有一些更高级别的经理可以否决下属所做的决策。组织必须放弃这种“凌驾于权威之上”的做法，并学会尊重个人在其责任范围内做出的决策；否则，Scrum 团队努力创造的权力平衡就会崩溃。

当组织无法授予产品负责人、开发团队和 Scrum Master 执行在其角色中定义的责任所需的决策权限时，该角色尚未被正确使用。例如：

- 当组织中除产品负责人以外的某人能够否决产品负责人所做出的决策时，可能这个人才是真正的产品负责人，他或她应该明确地承担这个角色。
- 当一个开发团队不能决定需要做哪些工作来创建可发布的产品增量，或者不能完成所有的工作时，那么这个开发团队可能还没有配备足够的人员。

- 当一个 Scrum Master 不能支持一个 Scrum 团队和组织正确遵守 Scrum 的规则并持续改进时，也许他或她不是这个角色的合适人选。

想要成功使用 Scrum 的组织和 Scrum 团队应该仔细思考如何安排这些角色，并确保承担这些角色的人能够恪尽职守，承担相应责任，完成需要履行的职责。

“在这个 Sprint，他至少错过了我们一半的每日站会，其余的都迟到了。”

Scrum 团队在 Sprint 回顾会中坐在一起，讨论可以改进的地方。开发团队的一些成员张贴了便签，抱怨一个开发人员的缺席。

“他现在甚至都不参加我们的回顾会了，”一个开发人员道，“在 Sprint 评审会之后，他离开了，并说他有真正的工作要做。我认为我们不应该再容忍这种行为了。我的意思是，这些都是我们给自己定的规则，而且他还参与了我们活动的安排。”

“能怎么办呢？” Scrum Master 问道。

开发团队考虑了一会儿。然后一个开发人员开口道：

“我想我们应该和他谈谈，而不是在这里议论他。如果我和你们中的某个人请他和我们一起喝杯咖啡，告诉他我们被他的行为惹恼了，怎么样？”

“是的，这是个好主意，”另一个开发人员回答道，“我们必须小心，不要让他觉得我们是在指责他，让他知道我们愿意一起寻找解决办法。我很乐意和他谈谈。如果我们在 Sprint 回顾会后花点时间思考如何最好地解决这个问题以及我们想说什么，怎么样？”

“好主意，让我们把它添加到我们下一个 Sprint 的改进中。”

5.1.3 冲突应该由当事人来解决

冲突往往始于对重要事物的误解或曲解。将冲突迅速升级到直接参与和受冲突影响的群体之外的人，可能会导致陷入僵局。在升级之前，首先尝试与冲突各方进行直接对话。也许有些当事人甚至没有意识到这场冲突。

以前一个场景为例：开发团队的成员对他们的一个同事很生气，因为他似乎不把 Scrum 事件当回事。也许他有不同的解读，认为开发产品比坐在会议室谈论工作更重要。这个团队需要做的第一件事是对这个情况达成共识。随后他们会发现劝人改变某种行为以满足共同期望这件事会变得更容易。

冲突是紧张的，解决冲突是困难的，有时也是不愉快的。许多团队试图通过让 Scrum Master 或他们的管理层解决本应该是由他们自己解决的冲突来避免这种情况。在我们的例子中，团队没有试图将冲突传递给其他人，这通常是一个好迹象。这样把责任留给了当事人，加强了自组织。

当团队试图将冲突的责任推给别人时，问问他们自己能做些什么来解决冲突。如果团队似乎无法找到潜在的解决方案，请坚持询问。团队中的一些人通常会想出一个他们可以尝试的可能有效的解决方案。但要小心，这种做法只适用于那些未上升至个人且依然关注客观事实的冲突，一旦冲突变为个人冲突，团队就往往需要获取外部支援。

 5.2 需要外部干预的冲突

> 这两个开发人员在 Sprint 回顾会上与他们的同事进行了交谈。这个开发人员表示，开发产品比在活动期间讨论和计划更重要，但他理解团队的其他成员认为这违反了他们共同商定的规则。他同意在尽量减少不必要的讨论的条件下，完全准时出席活动。整个 Scrum 团队会在下一次每日站会后讨论这个问题，并且他们同意，如果他们认为为了回到正题而浪费了时间，那么他们可以并且应该说出来。
>
> 这个解决方案在几周内都运行良好，直到开发人员再次开始在每日站会中迟到。当他在 Sprint 回顾会上第二次又迟到的时候，屋里已经剑拔弩张了。
>
> “我们不是说好要准时吗?”一个开发人员抨击道，“在这个 Sprint 中，你在我们的每日站会中至少迟到了三次。你没有遵守约定。”
>
> “很抱歉我迟到了。我当时正在研究我们承诺要交付的这个非常重要的功能。因为你们都在每日站会中谈论你们的工作项，所以没有人帮我解决这个问题，我不得不自己解决这个问题。我认为，Sprint 评审会和我们刚刚从利益相关者那里得到

的良好反馈表明，我成功实现了对这一目标的承诺。”

“嗯，这一次或许成功了。但这不是你一个人的事。我们不需要一个英雄来拯救我们，我们需要的是团队精神，你从来没有做到过。”

这时候，Scrum Master 插话了。

“好吧，我想我们得停下来好好冷静一下。我不希望我们在个人层面讨论这件事，我们必须坚持实事求是。还有一件事：请不要对他人的动机做出假设。如果你对此感兴趣，你可以问一下。让我总结一下我到目前为止所理解的情况，然后我们就能找到解决冲突的办法。”

5.2.1 升级的健康冲突

冲突会逐步升级。本章的前三节描述了可以在双赢的情况下解决的冲突。Friedrich Glasl 描述了冲突的九个阶段，分为三个层次（见图 5.1）。

如果某一阶段的冲突未能得到解决，冲突各方将升级到下一阶段，使之更难解决。

前面的场景中发生过这种情况。该团队过去曾处理这一冲突，似乎已经解决了它。随后的事件导致冲突重新浮出水面，它变成了个人冲突。冲突的焦点从当事人的行为转移到他们是什么人，不是什么人。冲突双方营造了一种水火不容的气氛。

这一阶段的冲突需要来自冲突各方外部的干预。场景中的 Scrum Master 干预进来，防止局面变得更紧张和更具攻击性，并试图将讨论带回到事实依据上来。

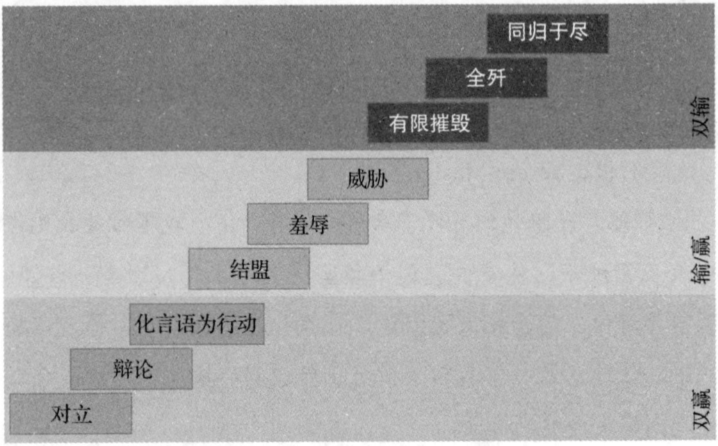

同归于尽
全歼
有限摧毁
威胁
羞辱
结盟
化言语为行动
辩论
对立
双输
输/赢
双赢

图 5.1　Glasl 模型的阶段和层次

有一些工具可以帮助降级和解决冲突：

- **系统理论**：将群体看作相互关联和相互依赖的个体，其中一个部分的变化会影响其他部分或整个系统，与机械的或严格的行为模型相反，在这种模型中，因果关系可以根据功能或行为来预测。
- **非暴力沟通（NV）**：由 Marshall Rosenberg[Rosenberg15] 提出的一种结构化的冲突解决方法，有助于避免“暴力”的沟通手段，而是将重点放在人的需求、情感和认知上。
- **聚焦解决方案**：一种基于 Insoo Kim Berg 和 Steve de Shazer 心理治疗工作的目标导向协作方法。它关注的是改善现状的解决方案，而不是问题。
- **共识决策**：一种群体决策过程，衡量对一项提议的抵制，并找到改进的方法，直到它被整个群体所接受。

Scrum Master应该能够与他们的团队一起解决冲突，这些方法都将有所帮助。如果团队中的每个人都了解冲突是如何发生的，以及如何以一种建设性的方式利用它，这也会有所帮助。

妥协与共识

决策需要权衡几个选项并做出抉择。这些选项往往受制于人们对可能有效的措施的看法。许多人为了让他人相信其解决方案的优越性，往往会在别人的解决方案里找漏洞。由此决策过程变成了冲突各方之间征求一致或妥协的斗争，有时人们甚至是不情愿的。当东拼西凑得出最终解决方案而又没有人真正承担时，冲突可能会残存其中。

共识是达成集体决策的一种与众不同的方法。为达成共识，决策小组的成员要向所有人展示他们的解决方案，然后每个人都对每个解决方案的阻力进行打分，从而得出每个成员的综合阻力。许多敏捷团队都使用“五指拳投票”来进行打分，用一只手表示阻力，举出五根手指表示“我没有阻力，这个方案很棒”，拳头则表示“我无法接受这个解决方案，如果非要选用这个解决方案，我坚决反对”。

决策者对那些阻力最少的方案进行提问，问大家需要改变什么来减少阻力，然后小组成员提出修改意见。改变后的解决方案由小组重新评定阻力，并重复这个过程，直到小组认为有一个方案可接受，或直到他们判定没有方案可接受。

与妥协不同，这个过程是通过让每个人都考虑如何减少自己的阻力来达成共识。人们不会试图说服别人相信他们的解决方案，而是邀请他们对其进行修改，从而使它变得更好。这样做往往会增加团队成员的动力，使他们共同努力设计出可能有效的最佳方案。共识还会通过增加集体参与来增强他们对解决方案的承诺。

为了更容易达成共识，这里有一些建议：

- 始终提供一个没有变化的方案，并将其纳入评分，当局势不如人意时，思考如何改善方案往往会更容易。
- 一个团体对阻力价值达成共识意味着总体否决（例如，五指拳投票中只得到两根或更少的手指），不能选用这种方案，因为没有人支持它，甚至还可能遭到强烈反对。
- 你可以使用 Roman 投票（拇指向上、居中、向下）代替五指拳投票。
- 受决策影响的人也可以收集选项和评级，并将其交给决策人，以帮助他们找到解决方案。

Scrum 团队的另一个冲突要微妙得多。有一个开发人员一直很内向和安静，但在最近的几次 Sprint 中，Scrum Master 认为她比平时更安静。她似乎不怎么和团队的其他成员交往，完全专注于自己的工作。一天，Scrum Master 在去 Sprint 计划会的路上遇到了她。

“嗨，很高兴见到你，”Scrum Master 向她打招呼，“最近怎么样？一切都好吗？”

“哦，我很好，谢谢。”

"听你这么说我很高兴。我一直在想，最近几周我们都没怎么见过面，也没怎么说过话。"

"嗯，有很多事情要做。我就是在忙着处理我的任务，就这样。"

"好吧。如果有什么我能帮上忙的，请尽管开口。对我来说，我们作为一个团队，必要时候的互相支持是很重要的。好吗?"

"好的，谢谢。"

5.2.2 有些冲突需要暴露出来

这听起来也不像是冲突吧？当人们谈到冲突时，通常是说人与人之间的冲突。这并不是唯一存在的冲突。因此，当在团队中工作或与团队合作时，最好也关注一下那些似乎经历了隐性冲突的人。

在前面的例子中，有一些迹象让 Scrum Master 担心：开发人员改变了她日常的行为，变得越来越沉默和隐遁。有时，人们试图通过比平常更多地开玩笑或变得更健谈来掩盖内心的挣扎，但仅限于某些话题。与他人密切合作，倾听他们的意见，充分地了解他们，有助于发现其行为上的变化，这可能是内在冲突的信号。

当你感觉到某人正在经历一场内在冲突时，最简单的解决方法就是与其进行一次对话。我们会由衷地问一句"你还好吗？"这是一个好的开始。如果你表现出你真的对答案感兴趣，而对方又愿意分享他的感受，那么你通常会得到答案。即使对方还没有准备好谈话，你也要表现出对他的幸福感兴趣，这将为之后的谈话做铺垫。

在我们的经验中，如果人们没有立即开始谈话，这既不稀奇，也不是坏事。与人坦诚相告自己与他人发生的冲突往往很难，尤其是当他的职业理念中没有为表达情绪留出空间的时候。通常，当他们想要表达自己时，他们会抓住机会。

提供的支持必须是无条件的：可以接受也可以拒绝，并且拒绝的话，不得有任何后果或耻辱。不要强迫别人接受不想要的"帮助"，不管你有多诚心。有些人就喜欢自己解决，或者他们不想讨论他们的担忧，或者他们只是不想和你讨论。甚至可能他们没有任何问题，你的直觉是错的。

"你有时间吗？"

Scrum Master 惊奇地转过身来。她正在从 Sprint 计划会返回团队工作室的路上。"当然，我能帮到你什么吗？"

"我想对你在 Sprint 计划会议前我们遇到时的提议表示感激。如果你有一点时间，我想和你讨论一些事情。"

"当然，我想去拿杯咖啡，你要不要跟我一起去？我们可以在休息室里找个安静的地方谈谈。"

"很好。谢谢你。"

当他们在休息室安顿好后，Scrum Master 再次问："我能为你做些什么？"

开发人员深吸一口气，思考着如何开始。"我现在和我的部门主管有点小麻烦。他上个月接管了这个职位，一直让我帮助他了解我们在做什么以及我们如何工作。我在这个部门待了很久了，知道需要做什么，谁专门做什么主题。虽然我很荣幸他问了我的意见，但这占用了我在 Scrum 团队工作的时间。由于一直在协助上司了解我们部门，我现在已经跟不上团队工作了。”

“真糟糕，”Scrum Master 回应道，“我明白你为什么担忧了。让我们想想我们能做些什么，以及我能帮上什么忙。”

5.2.3 忠于 Scrum 团队还是你的部门

传统组织通常是矩阵型组织，人们被同时安置在职能性专业部门和 Scrum 团队（甚至在传统项目团队中）。

只要（垂直）部门和（水平）Scrum 团队的目标一致，且团队成员能够专注于与 Scrum 团队相关的工作，就不会耽误事儿。当人们必须决定自己忠于哪方时，问题就悄然而至：他们觉得自己对部门最忠诚，还是对 Scrum 团队更忠诚？由于他们的直线经理通常对他们未来的职业生涯有很大的影响，因此即使他们被正式分配到一个 Scrum 团队中，他们也经常选择服从他们的经理的命令。大多数人也不想让他们的团队成员失望，所以他们也会努力完成 Scrum 团队的工作量。

解决这个问题的第一步是让它变得透明和可见。卷入这种情况的人应该要表达自己的冲突。Scrum Master 可以成为你的好帮手，帮助你找到合适的人——Scrum 团队，尤其是产品负责人和他们的经理来解决问题，所有这些人都需要意识到不确定性、过度工作以及工作结果误差增加所造成的负面后果。

解决冲突通常需要组织层级中的人的干预，他们可以为员工的直属经理和他们所在的 Scrum 团队做出决策。这个人必须清楚什么是优先事项，什么类型的工作优先于其他工作。如果这个法子没有用的话，冲突通常会升级并变得无法解决，从而引发更大的问题。我们将在下一节中讨论这种情况。

5.3 需要更强干预的致命冲突

"我也和 Scrum 团队的其他成员讨论过这个问题，因为这对我个人来说很重要，"软件开发部门的负责人对开发人员说。

他们正在进行年度绩效评估，目前正在讨论开发人员的个人目标。

"我已经想好什么能让我的软件开发者这个角色变得更好，我想和你讨论一下，"开发人员开始道，"让我先告诉你我认为什么是必要的，然后我们再看看你的想法是不是一样，好吗?"

"当然可以。"

"首先，你的团队这么快就采用了 Scrum 真是太好了。我们都很高兴这个新方法似乎有效。但是，有一件事有点让人失望：我们预计团队在最初的几个 sprint 中进展会慢一些，然后慢慢提高。尽管进展速度一直在增加，但比我们预期的要慢。以目前的速度，我们的组织将无法实现我们的业务目标。我们认为，你的团队应该更加专注于创造真正的价值和交付更多功能，而不是优化技术。"

"但你应该知道，我们现在做的很多工作是在清理和修复先前的问题，当时我们没有足够关注去创建好的架构和设计。这使我们一开始速度好像很快，但终究还是慢的。"

“是的，我明白。我并不是说你不应该让技术更卓越。但我们也需要给客户交付价值。而我们目前的速度还不够快。我已经为你和你的同事准备了一个团队目标，与过去的六个月相比，（能将）有价值的产出增加 15%。如果你大有余力，那么你当然可以进行技术改进。”

5.3.1 给 Scrum 团队施加压力

我们经常在我们的客户那里看到前面的场景，或者以类似的形式出现，团队正在采用 Scrum 的原则和规则，并开始塑造他们的环境，以便更频繁地、更高质量地交付有价值的产品。这通常意味着，为了满足人们设定的最后期限，我们必须清理过去那些影响质量的决定。那些期望更快地改进和更快地向客户交付价值的组织可能会对他们在短期内看到的表现感到失望。因此，他们有时会直接指导 Scrum 团队必须做什么，以及团队必须如何工作才能实现这些目标。

剥夺 Scrum 团队自组织和对其施加压力会扼杀它的积极性，破坏团队持续改进的能力，还会破坏自组织，并导致团队质疑其决策能力。由于被迫专注于短期的生产力目标而忽视了长期改进，因此团队在第一个 Sprint 中开始取得的进展很大程度上可能会付诸东流。

像这样的冲突需要 Scrum Master 的强力干预。他需要向组织的经理解释为什么团队需要自组织，以改善他们的整体工作系统。自组织可以帮助团队对自己的工作领域负责，并积极有效地找到改进的方法。

被微管理会让人失去动力。它破坏了 Scrum 团队为获得更高绩效所需要培养的自组织和问责制。团队和个人会退回到仅仅服从命令的状态，即使他们发现他们的命令是错误的且会导致不好的结果。

为了使用 Scrum 最大化业务价值，组织必须创造和培育一个可以实现自组织的环境。这需要边界（对比 2.1.5 节），将自组织的区域与由组织的其他部分（例如，管理）所定义和组织的区域分开。一旦这些边界被定义，组织就要相信员工会以最好的方式利用环境来增加价值。如果一个组织怀疑其员工的技能和能力，它可以从较窄的边界开始，然后随着团队建立信任而扩大。给予团队很大的自主权，然后剥夺它会导致团队士气低落，而逐步扩大边界有助于建立信任和自主权。它还可以帮助 Scrum 团队习惯自组织，并逐渐找到新的自主权。

> 团队正在开 Sprint 回顾会。当团队收集他们上一个 Sprint 想要讨论的信息时，几个团队成员提出了一个已经讨论了一年多的旧冲突：一位同事很难接受和执行团队的决策。事情的起因是他没有参加 Scrum 事件，因为他认为工作比“空谈”更重要。过去的一段时间里，团队反复尝试与他达成他可以尊重和承诺的协议。他会在一段时间内改变自己的行为，但总是会又变得无动于衷。
>
> “我们已经尝试这么多次了，我已经厌倦了，”一位开发者突然说道，“你好像不把我们当回事，只想做你觉得重要的事情。你根本不关心这个团队，对吧？”

"等一下,"Scrum Master插话道,"让我们实事求是,不要解读彼此的行为。我听到你说的是,你对这个团队中并不是每个人都尊重我们给自己制定的规则感到非常失落。这让你生气了?"

"是的,确实如此。我们也不用兜圈子了。每个人都知道你说的那个人是谁。我想要一个解决这个问题的办法。我们浪费了太多的时间等待会议开始,因为我们不知道他是否会加入我们。我们花了太多时间谈论这种不尊重他人的行为,讨论在每个人都同意后不久就会破裂的解决方案。"

"好吧,让我们一步一步来,"Scrum Master又尝试了一次,"我认为这已经超出了我们在Sprint回顾会上所能解决的问题。我建议我们先冷静下来,然后与所有想要解决这个冲突的人一起开个会,好吗?"

5.3.2 换一支队伍来保护它

有时,冲突非常严重,相关各方无法解决。既伤害了感情,又辜负了期望,还破坏了信任。一旦冲突升级到三级以上,团队需要外部支持来达成决议。当它升级到六级以上时,即使是外部帮助也无法达成令人满意的解决方案。相反,要将双方分开,以避免进一步的损伤。

Scrum Master必须发现冲突并仔细倾听以了解情况。这意味着在冲突的早期阶段,要鼓励公开的对话,鼓励团队成员理解彼此的观点,并调解解决。当冲突升级到关系严重受损的程度时,Scrum

团队可能不得不被分开。这个决定往往是令人痛苦的，就像一段友谊的结束或一段婚姻的解体。承认对彼此的伤害与悲伤，互相倾听和互相理解。

当我们遇到这种冲突时，我们应寻求专业帮助来解决冲突，因为我们不是受过训练的调解员。管理层也需要参与进来，因为至少要为一些团队成员找到新的工作或角色。有时，让人们在一个新的、没有负担的环境中找到一个不同的角色或一个不同的团队是摆脱冲突的唯一方法。这需要与当事人共同决定，而不是为他们做决定。

经历不断升级的冲突对所有参与其中的人来说都是痛苦的。因此，Scrum Master 必须及早果断地做出反应。

避免冲突，希望它能自行消失，是一种自然反应，但如果你能将它浮出水面，让每个人都承认它并开始面对它，冲突通常会更容易处理一些。当你有疑问的时候，将它以一个问题的形式来表述，告诉对方你不确定是否有冲突，但是你感觉到有些地方不对劲。如果你感觉错了，你会很快发现；如果感觉没有错，等冲突解决后，你会很高兴。

冲突类型

本章中使用的冲突例子代表了不同类型的冲突。冲突可以用许多不同的方式进行分类。我们使用了 Vigenschow、Schneider 和 Meyrose 在他们的德语书 *Soft Skills für Softwareenwickler*[Vigenschow19] 中所描述的冲突类型。

- ❑ 事实冲突
  - 原因：在事实讨论中，不同的观点发生冲突

- 解决方案：提供论据并达成理解

❑ 人际冲突

- 原因：恐惧、需求和情感没有得到充分的理解
- 解决方案：倾听、欣赏、珍惜彼此

❑ 目标冲突

- 原因：相互矛盾的目标和利益发生冲突
- 解决方案：揭示根本的需求

❑ 价值冲突

- 原因：不同的信念发生冲突
- 解决方案：欣赏差异并制定规则

❑ 角色冲突

- 原因：对一个角色的期望与执行者的期望不同
- 解决方案：揭示优先事项并确定职责

❑ 系统冲突

- 原因：自身范围以外的条件引发的冲突
- 解决方法：将冲突升级到负责人（那里）；专注于工作范围

根据 Glasl 的冲突升级模型，这些类型的冲突及其升级级别定义了解决冲突的策略。

5.4 总结

协作必然伴随着冲突。在大多数情况下，人们会有不同的意

见，需要理清各自不同的观点，然后自行解决问题。之后，没有人会再去想这场冲突。

然而，有时，他们无法克服他们的分歧。他们的冲突不断升级，在事实问题上的分歧转变为个人层面上的分歧。有时冲突会自我放大，直到最小的额外冲突导致团队分裂。

冲突需要得到各方的承认，即使他们观察到不同程度的升级。然后，我们必须积极地面对它，这样冲突才能得到解决。建立冲突意识是解决冲突的前提。

Scrum Master 至少应该对如何解决冲突有一个基本的了解。他们不需要是解决冲突的专家，但他们需要能够将冲突降级，将那些不愿意彼此交谈的人聚集起来。我们发现一个很有用的小技巧就是仔细、积极并带着同理心去倾听别人说话。积极倾听意味着全身心地投入，努力理解对方所说的话，并时不时反馈自己的理解，以便明确和更好地记住。这可以减慢对话速度，且有助于在冲突各方之间建立更好的理解和同理心。

第 6 章 度量成功

Scrum 团队要有透明度才能以经验主义的方式成功完成工作。但是他们应该收集哪些指标？他们应该如何使用这些指标来改善他们的工作结果和工作方式呢？

在 6.1 节，我们将讨论帮助产品负责人优化业务价值以实现产品愿景的战略指标。要找到这些度量指标，她需要很好地理解什么对产品的客户有价值，以及如何衡量他们的价值体验。通常没有单一的价值度量指标，找到正确的价值指标通常需要洞察力和实验。

6.2 节侧重于介绍团队可以用来评估和改进自己工作的度量。这些度量有助于团队改进工作并为更广泛的组织工作创建透明度。

虽然透明度是 Scrum 的支柱之一，也是经验主义工作的必要条件，但团队必须小心他们所度量和分享的内容，因为他们可能会误用脱离上下文的度量。为了避免这种情况，我们还将在本章讨论如何在追求更大透明度的同时，预判这些问题。

6.1 朝着目标努力

整个团队坐在会议室里，紧张地等待着 CEO 的到来，参加他临时召集的“下一个发布日期”会议。

“很高兴在这里见到你们，”他一走进房间就说，“我想和大家谈谈最近发生的一件影响到我们所有人的事件。我们的一个竞争对手刚刚宣布了一项新功能，允许病人自己安排预约。这个功能将在下个月推出，离我们下一次发布只有两周时间。这是我们发布新版本的市场营销活动中的一个关键功能，我希望我们是第一个提供这一功能的公司。这意味着我们需要提前发布这个版本，这样我们才能抢占市场。我们怎么才能实现这个目的呢？”

6.1.1 我们需要更快地交付

几乎每个团队都曾面临过，或者将会面临外部压力，要求他们更快地交付产品并缩短上市的时间。许多组织转向 Scrum 来解决这个问题，但是仅仅采用 Scrum 并不意味着团队一定能够更快地交付。

为了更快地交付，Scrum 团队必须改善团队内部的协作和工作流，通常是通过减少由旧阶段驱动的、技能孤岛式的工作方式造成的交接和延迟。这些阶段（例如，分析、设计、实施、测试、交付）通常是按顺序执行的，因此许多人认为只能按顺序处理产品交付的不同方面。由于阶段驱动的孤岛方法非常普遍，因此许多人认为这是唯一可行的方法。

打破这些阶段并帮助团队以一种集成和跨职能的方式工作是有可能的，也是有必要的。比如说，在思考问题的可能解决方案的时候，要同时考虑到如何收尾以及如何验证功能。这样就可能在实现解决方案的同时定义测试，而且必须消除后期测试引发的延迟和瓶颈，尤其是当测试在测试环境中可以作为持续集成过程的一部分自动执行的时候。

当团队中的每个人将他们的专业技能和知识添加到他们可以一起构建和测试的共享解决方案中，而不是在不同的团队里分别致力于解决方案的部分工作(这种协作模式很少能看到整体效果)时，团队也会从更紧密的协作中受益。

Scrum 团队还可以通过减少流程中的浪费或非增值、不必要的步骤来提高交付速度。要想减少浪费，首先必须了解清楚他们当前的工作流程。可以通过识别工作的必经步骤，将工作流程可视化，然后识别以下内容来增强自己对流程的了解：

- 必要且增值的步骤。
- 非增值但必要的步骤，这些步骤必须执行但也可以简化。
- 非增值且不必要的步骤，这些步骤可以从流程中删除。

这种简单的价值流映射有助于挑战并最终改进流程，这些流程通常会随着时间的推移而增长，直到它们变得又重又慢。

在确定哪些步骤不必要，哪些步骤可以简化时，质量不应该受到影响。这意味着开发团队必须：

- ❑ 了解任何解决方案都必须满足的发布质量要求。
- ❑ 确保这些质量要求反映在其对“完成”的定义中。
- ❑ 在做出发布决策时，遵循“完成”的定义。

Scrum 团队通过降低质量来加快交付速度，通常会带来更多的问题而不是好处。不降低质量的话充其量会产生日后必须处理的技术债务[⊖]，但在质量上偷工减料，就会有降低客户满意度的风险。不降低质量目标的责任在于负责人，而开发团队则负责实现这些质量目标。

> 三个半星期后，开发团队完成了一件不可思议的事情——击败了市场竞争对手。由于积极地专注于目标，不做任何会分散团队注意力的事情，因此开发团队比竞争对手早一个星期实现并交付了自助预约功能。
>
> 四周后，Scrum 团队与利益相关者一起进行了一次 Sprint 评审会。CEO 也在其中，他想要了解下市场对上一个版本的接受情况。
>
> “我们做得怎么样？我们的客户对新功能有什么看法？有什么问题吗？”
>
> 产品负责人有点犹豫，“不，这个功能没有问题，”她说，“但似乎我们的客户中并没有多少人真正在使用它。我们测量了这个功能的使用情况，发现只有 23% 的用户用过。在这些人

⊖ Ward Cunningham 在 1992 年创造的一个术语，将设计糟糕的代码比作借钱，将处理这些代码所需的额外努力比作支付利息。更多信息请访问 https://www.martinfowler.com/bliki/TechnicalDebt.html。

> 中，只有大约 4% 的人使用过一次以上。”
>
> “这怎么可能呢?”CEO 对此表示难以相信，“我们问了我们最大的客户，他们都说这个功能是有必要的。我们可能遗漏了什么。”
>
> “我同意，这也是我希望在下一个 Sprint 期间努力做的事情之一：确保我们真的在交付价值。当我们把所有的精力都集中在这个功能上时，忽略了许多其他我们认为非常重要的工作。我们需要更好地了解真实患者真正看重什么。”

6.1.2 我们是否在交付价值

上市时间并不是一切。正如我们经常对学生和客户说的那样，即使你按时并在预算范围内交付了承诺的功能，还是可能会失败。

产品负责人必须意识到，快速交付是优化产品价值的重要部分，但它还有其他部分。更快的交付实际上要求的是产品负责人的一种验证假设能力，验证他们关于客户真正看重什么东西的假设的能力。要做到这一点，他们需要能够度量价值。

想象一下，上述场景中的 Scrum 团队无法度量新添加的功能的使用指数[⊖]：他们可能会将快速实现和交付视为巨大的成功，而不会意识到该功能没有人使用。

Scrum 团队需要能够帮助他们评估预期成功的度量方法。最理想的状态是，这些指标将作为发布本身的一部分被持续自动地收集分析。手工测量和分析增加了工作量、延迟和出错的概率，如果团

⊖ 使用指数：我们的用户群中有哪些人真正在使用某个功能，他们是如何使用它的？

队没看到即时效果或者他们变得很忙，那么这应该是他们要首要停做的事情之一。如果他们在实现了所有计划的功能之后再添加它，那么很有可能他们的美好心愿会被更多的功能取代，最终，他们将不会去衡量任何东西了。

这种度量和分析通常被认作是监控应用系统的一部分，带有遥测技术。应用程序监控通常被视为对应用程序运行的系统和基础结构进行技术评估的一种手段，以确定何时出现了需要修复的问题（例如，CPU 负载、数据库超时）。在遥测应用程序中添加特定使用量指标和特定用户指标，可以提供关于客户怎样使用该应用程序的宝贵参考。

组织可以并且应该监视功能是否被使用、何时被使用、由谁使用、在何处被使用以及如何被使用。他们应该评估人们购买的是什么类型的产品，以及什么时候购买的。这些历史收集的指标不仅可以分析过去，还可以预测未来，帮助回答诸如以下这些问题：我们需要保留哪种产品的库存，留多少？我们应该在什么时候预计每天（或每周、每月、每年）的最大（或最小）装载量？我们的业务如何长期发展？

要决定最终应该收集哪些指标以及应该如何使用它们并不容易。这是 Scrum 团队能够并且应该在短周期内完成的迭代和增量工作的一部分。下一节将对这个问题进行讨论与解答。

> “非常感谢你们来帮助我确定度量业务价值的指标，”产品负责人在会议开始时说道，“我知道这占用了你们当前 Sprint 计划的工作时间，但我希望你们能在这里提意见。如你们所

知，我们在上一个版本中发布了一个功能，但没有多少用户试用，而且好像没几个人喜欢这个功能。我们怎样才能更多地向用户交付有价值的功能呢？"

"我认为这要从产品愿景开始。我们能再重温一遍吗？"一个开发人员问道，"这可能会提醒我们所有人，我们最终想要达到的目标是什么。"

"好主意，"产品负责人回答道。她简要总结了产品愿景、她当前的中期目标和预期结果。

"好的，在我看来，似乎我们目前最重要的目标是为患者提供更多的自助服务功能，这样他们就可以在网上进行预约或提交文件。对吗？"另一个开发人员问道。

"是的，是这样的。"

"好，我们已经知道我们的用户中谁是工作人员，谁是真正的患者。因此，我认为，我们应该监控患者用户功能的使用情况。"

"是的，我们已经在这么做了，"第一个开发人员说，"但我们只有在有人要求我们提供这些数据时才会查看这些数据。"

"好，好主意，"产品负责人鼓励地说，"我将在白板上收集我们的想法，这样我们就可以选择以后想要重点关注的指标。还有什么好主意吗？"

"我们可以问客户他们看重什么吗？"

"当然可以，市场营销部门一直都在做这个事情。"

"嗯，我想他们一直在问的客户是那些购买我们产品的人。但在这种情况下，我们的目标受众难道不是那些不购买产品但满意度又很重要的患者吗？我们怎么才能问到他们的意见呢？”

产品负责人对此印象深刻，“说实话，我从来没有想过这个问题。但我想我们应该弄清楚。”

6.1.3 什么是价值

当决定要收集和使用什么类型的信息时，Scrum 团队应该从产品愿景和目标出发。产品愿景描述了产品的目的，包括它试图解决的问题、如何改善未来，以及为谁服务。中期目标使长期产品愿景更具可操作性和针对性。

如果你今年的中期目标是增加产品的新用户数量，那么你收集的指标应该能反映你实现这个目标的程度。你可能需要度量有多少新用户购买和使用你的产品。如果你的中期目标是降低产品的运营成本，那么不同的指标将对你有所帮助。前一场景中的产品负责人知道她目前正在努力实现的目标。这样她和团队的其他成员就更容易思考和选择有助于度量他们的目标实现情况的指标。

直接度量你想要达到的目标不容易，就像客户满意度一样。对于你无法直接度量的目标，你得通过度量其他东西来参照得出对目标的推断。

就客户满意度而言，最简单的方法是询问客户。如果可能的话，你可以在他们使用产品的地方与他们见面并询问他们，但这并不总是行得通，而且这可能只提供了总体用户意见的一小部分样本。如果你的产品是数字化的，那么你可以很容易地在用户使用产品时询问他们，只要你不用太多的反馈表格来烦扰他们。你可能得通过度量他们使用产品的时长，甚至是使用特定功能的时长，来推断出他们的满意度。产品类型、客户与产品之间的交互方式以及你与客户之间的交互方式皆取决于你想要度量什么，你的目标就在于找到有助于得出结论的度量指标。

你可能需要以迭代和增量的方式来发展你的度量，创建你想要度量的内容以及如何进行度量的假设，然后收集度量值和分析结果。如果这些度量可以帮助你更好地理解问题，那么你可以细化度量指标；如果不能，那么你至少有数据帮助你思考别的方法来度量你得知道的内容。

提高业务价值不仅仅需要考虑产品价值，还必须度量和评估组织能够交付该价值的方法。循证管理（EBM）[⊖]是一种经验主义方法，可以帮助组织使用这些度量，并将其作为持续改进的基础。有关EBM业务价值的各个方面的更多信息，请参阅下面的“价值领域”。

价值领域

组织中的业务价值超越了产品带来的价值。组织应该在四个价值领域度量、分析和改进：

- ❑ 现行价值（CV）
- ❑ 未实现价值（UV）
- ❑ 创新力（A2I）
- ❑ 上市时间（T2M）

现行价值是最显而易见的。它度量的是今天交付给客户或用户的价值。这包括前面提到的客户满意度和使用指数，但也

⊖ 更多信息，请参见 https://scrum.org/ebm。

可以包括员工满意度、每个员工的收入和产品成本比率。这些指标有助于评估组织为客户或用户带来的好处。

未实现价值与现行价值相对应。它度量的是满足客户或用户的潜在需求而实现的价值。指标包括市场占有率和客户满意度差距，度量的是我们在市场竞争或客户期望方面做得有多好。未实现价值指标可以帮助我们了解我们在哪方面可以提高所交付的价值。

创新力度量的是团队或组织交付更好满足客户或用户需求的新功能的有效性。它包括诸如创新率这样的指标来评估我们创新付出了多少努力，以及评估更多的技术度量，例如技术债务和缺陷趋势。这一领域的改进可以使组织更能自我创新。拥有创新度量指标的能力，人们可以减少不必要的损耗，给客户带来创新，而不是遵循无意义和无效的流程。

上市时间度量向客户和用户交付新功能、服务或产品所需的时间。诸如发布频率和周期时间之类的指标可以帮助组织了解事情需要多长时间，这有助于确定组织需要在哪里改进工作流，以便更快地交付有价值的结果。

这四个价值领域不应该单独考虑，而应该一起考虑。通常，一个领域的改进（或下降）会导致其他领域的改进（或下降）。例如，改善上市时间有助于组织更快地尝试可能提高现行价值的新想法，而这可能反过来减少未实现价值。

当天晚些时候，产品负责人和 Scrum Master 正在谈论价值讨论的结果。

“我认为这真的很有帮助，”产品负责人道，“我对我们作为一个 Scrum 团队以及我们周围的组织正在试图交付的不同类型的价值有了更好的理解。但我确实没想好如何利用这些价值领域来指导持续改进。你怎么看？”

“嗯，也许我想得太简单了，但我认为这并没那么难。我们选择那些我们想要改进的价值，然后我们努力改进它们。还是说我漏掉了什么？”

“我不知道的是如何决定应该关注什么，以及如何计划和评估改进情况。”

“好的，我明白你的意思了。但我想我知道答案：我们应该以经验为依据，以假设为导向。让我们仔细想想，我们为什么不这样呢？”

6.1.4　实验回路

在复杂的环境中工作需要使用迭代和增量的方法来寻找特定问题的解决方案。一开始，很多事情都是未知的，而取得进展的唯一方法就是尝试不同想法，度量结果，并根据反馈进行调整。向解决方案迈进的每一步都会带来新的见解和知识，帮助团队更好地理解该问题和解决方案。

有时，大的目标过于宏大和抽象，无法在短期内取得可度量的进展。具体的和可衡量的中期目标对评估总体进展更有用。

组织可以使用一个闭环系统，从中期目标工作到中期目标，并在必要时不断调整过程。该实验回路有四个阶段（见图 6.1[⊖]）：

- ❑ 假设：朝着中期目标前进的想法。
- ❑ 实验和度量：执行理念，度量领先指标和滞后指标。
- ❑ 检视：基于度量结果从上一次实验中学习。
- ❑ 适应：下一步能做些什么？是否有必要调整总体目标？

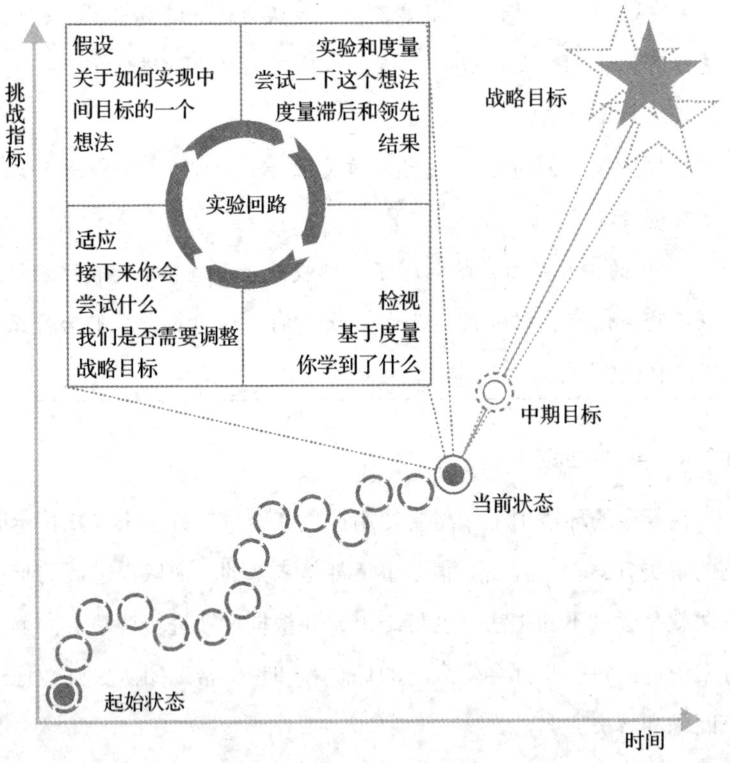

图 6.1　实验回路

让我们通过上面四个部分来回顾一下 Scrum 团队的历程。Scrum

⊖ 摘自 *Toyota Kata* by Mike Rother , Mc Graw-Hill Eolucation , 2009。

团队试图实现使患者更加独立于执业人员这一中期目标。这样做可能是为了减轻工作人员的工作负担，或者为患者提供更多的灵活性，甚至可能两者兼得。该团队的第一个假设是，患者愿意用自助解决方案来进行预约，即使该团队对该功能没有特殊需求。该功能已开发并交付给市场，并将使用率作为一个滞后指标进行度量。在检视过程中，团队了解到没有多少患者使用此功能，多次使用的人就更少了。这告诉 Scrum 团队第一个假设不对，需要进行调整。下一步该是寻找别的方法来让患者更独立于执业人员，或者是用别的方法来测试这个中期目标是否合理。

实验回路与价值范畴中的创新力和上市时间有很强的关系。组织和团队需要快速和频繁地创新才能进行小型实验，提高当前价值，减少未实现价值。在本章给出的示例中，越早得到关于改进假设有漏洞的反馈对团队越好，因为这样我们就会很快去研究另一种假设，减少在没有为客户和用户增加（足够）价值的解决方案上所浪费的精力。

实验回路帮助敏捷组织和团队不断提高他们的绩效，朝着超越单一 Sprint 的目标前进。使用价值领域和特定指标来指导决策和学习有助于提高整体的敏捷性和绩效。它还提供了在组织内部创建透明度和一致性的工具与方法。

在我们的案例研究中，Scrum 团队可能会通过度量上市时间和识别他们可以消除的瓶颈来开启实现战略目标的旅程。随着上市时间的改善，该团队可以进行更多的实验，从而提高现行价值。该团队可能还会发现并行的事情太多，需要提高专注度（一个度量其创新力的指标）。随着客户体验的现行价值的提高，未实现价值也可能得以减少，前提是没有其他的变化，例如客户的期望或竞争对手提供的产品。

正如你所看到的，这是一个永无止境的旅程，用过去的见解和学习指导未来的改进。提高度量、分析和处理收集结果的能力有助于团队更快改进。

6.2 改进团队成果

Scrum Master 和产品负责人每周都会面，他们通常会讨论当前感兴趣的话题，以便彼此保持一致。今天，他们将回顾六个月来在产品开发中应用 Scrum 的情况。

“总的来说，我很高兴，”产品负责人说，“我们似乎都在 Sprint 中找到了一个很好的节奏，我喜欢和团队一起定期检视结果。你觉得怎么样呢？”

“我完全同意。在最初的几个 Sprint 之后，开发团队在每个 Sprint 都可靠地交付了产品增量。”

“没错，只有一件事正困扰着我。”

“什么事？”

“团队的速率没有改变。我读过一些关于敏捷估算和速率的文章，许多作者都说，随着技术能力的提高，团队的速度也会提高，变得更快。为什么我们的团队却不是这样呢？”

6.2.1 速率不是绩效

许多人把努力等同于绩效。他们认为一个人工作的时间越长，他的表现就越好。这种想法的问题在于，我们的努力其实与工作的价值无关。我们有可能会把大量的时间和精力花在了一些不能创造价值的东西上。同样，我们有时也可能毫不费力地就增加了价值。

组织应该关注的是创造和增加价值，而不是做得越多越好。问题是度量价值通常比度量努力要困难得多，所以许多组织会转回到他们可以轻松度量的东西上。

在这方面，速率有点像努力：它可以很容易地度量和评估，但它不是绩效的度量指标，而是对开发团队在一个特定的 Sprint 中能够交付多少工作的度量。速率也没有统一的标准。不同的团队和同一个团队的不同 Sprint 之间有所不同，因为它基于开发团队对一个 Sprint 中所能完成的工作量的粗略估算。因为这些估算只是计划上的估算，所以通常不会随着工作项实际耗费工作量而更新。此外，团队在每个 Sprint 中都会面临不同的分心和干扰，这使得无法准确预测团队能够交付什么以及交付多少。

速率作为过去 Sprint 的经验主义度量指标，可以帮助开发团队预测未来的 Sprint。因此，它是一个指示指标，而不是一个绩效指标。它可以用来回答这样一个问题：如果我们有大致相同的总体条件，例如容量和中断，那么在下一个 Sprint 中，我们可能交付多少工作？

如果一个组织想要度量绩效，应该查看前面介绍的价值范畴和度量指标。如果将速率作为绩效指标，就很容易破坏这个指标，就像你将在下一节中看到的。

“我们如何确保团队真正致力于提高其所交付的价值？”产

品负责人问道。她和 Scrum Master 仍在讨论团队绩效。Scrum Master 已经解释为什么速率不是度量绩效的指标，现在正在讨论度量和提高 Scrum 团队绩效的方法。

“我们需要做的第一件事是度量真正的绩效，而不是努力程度，” Scrum Master 道，“那么度量诸如客户满意度和缺陷率之类的怎么样？它们能很好体现我们 Scrum 团队所创造的价值。”

“什么是缺陷率？”

“最初，它是每行交付的代码中检测到的缺陷的比率，这个度量指标偶尔会使用。但就个人而言，我认为这对于我们的目标来说太复杂了，建议采用团队交付的每个功能的缺陷比率。假设我们交付了十个功能，收到了一个描述软件缺陷的报告——缺陷率则为 10%。”

“好的，明白了，好主意。我们开始度量缺陷率吧。我也在考虑如何度量顾客满意度。现在我想回到我之前的问题：我们如何确保开发团队将专注于改进这些指标呢？我认为我们应该和团队经理谈谈，在年度评估中添加目标。你觉得怎么样？”

6.2.2 如何（不）提升绩效

你有绩效工资吗？如果有，那么你的绩效是怎么度量的呢？在我们工作过的大多数公司中，绩效被松散地定义为一些我们与各自的经理商定并试图在年底前达到的任意目标。由于在大多数情况下，日常业务很快就变得比商定的目标更重要，因此我们只在年底临近时才会想起商定的目标。然后，我们会试图去完成这些指标来得到奖金。

根据我们的经验，这对员工和公司都没有帮助。目标应该对贡献者和组织都有意义。因此，在前面的场景中，Scrum Master 和产品负责人正在试图做该做之事：他们正在寻找与团队努力实现的目标相关的目标。这些目标的关联性更强，不会被日常事务推到一边，因为这些目标与人们每天所做的工作是一致的。

这类目标的问题在于，它们不能激励每个员工去实现特定的目标。当 Scrum 团队作为一个团队一起工作来改进他们的产品和生产该产品的系统时，他们就实现了目标。当个人目标促使人们为个人目标分开工作，而不是作为一个团队为共同的目标而协作时，可能会适得其反。在最坏的情况下，一个团队成员可能会为了实现他的个人目标而主动破坏团队协作。

为了解决这个问题，我们合作过的一些公司已经从个人目标转向了团队目标，从个人激励转向了团队激励。如果一个组织的目标是提高团队合作，那么激励团队工作才是合乎逻辑的。

激励可以采取多种形式。例如，Scrum 团队可以为特定的团队目标协商团队奖金。如果团队达到了商定的目标，它就会得到一笔团队奖金，团队成员可以自己决定如何处理这笔奖金。我们合作过的一些团队会平均分配奖金，因为他们觉得每个人都尽了一份不可或缺的能力。有些团队创造了他们认为对个人贡献公平的分配比例。还有些团队没有把这笔钱分给团队成员，而是作为团队活动经费。

还有一个关于绩效奖金的问题：你的奖金激励你提高绩效了吗？我们总认为，个人的良好行为必须得到奖励（不良行为必须受到惩罚），而这是一种可怕的谬论。我们相信，当人类能够做一些对他们有意义的事情，并且他们对工作有自主权时，他们就会感到好奇和有动力[⊖]。我们不认为绩效激励有用，它甚至会因为激励措施错位而成为实际改进的阻碍。

信息价值的中立性

一旦一个绩效指标或其他替代衡量指标被作为目标或激励，以驱动行为，它就失去了使其有资格扮演这样一个角色的信息内容。

——Robert D. Austin，

Measuring and Managing Performance in Organizations

组织使用度量指标来指导自我改进的时候必须要谨慎，因为很容易会误用。度量指标是在特定时间点的状态指示器，就像车上的速度表告诉你目前的行驶速度一样。

当你开始奖励某些指标的成绩时，它们便会失去其信息价值。为了达到要求的目标，人们会开始改变他们的行为，减少对真正改进的关注。举个具体的例子，如果一个组织要求 Scrum 团队“提高”他们的速率，那么这些团队在估算产品待办事项时就会牢记这个目标。随着时间的推移，他们倾向于无意识地对自己的估算变得更加谨慎，并在无法确定时接受更高的估算值。这往往会导致估算值的膨胀，这就是为什么之前本来是 2、3 个故事点的待办事项突然会被估算为 3、5 个甚至 8 个故事点。

⊖ 对比第 2 章 2.1.5 节。

我们在激励团队提高速率的情况中发现了这种效应。我们在其他激励措施（如客户满意度和缺陷率）中也看到了类似的问题。一旦个人或团队因为达到了一个特定的目标而得到奖励，成员就将更关注于达到目标而不是改进底层系统。

因此，目标所基于的原始度量或多或少变得无用。一个速率夸张的Scrum团队在速率报告中看起来不错，但很难预测其Sprint。更糟糕的是，产品负责人不能利用团队的速率来预测未来的发布日期和范围。一个失去了信息价值中立性的组织必须非常努力地重新让这些度量指标变得有用起来。通常，完全放弃这些指标而去使用别的指标会更容易。

以物质刺激鼓励个人和团队工作的做法是有问题的，因为它通常无法带来预期和期望的系统改进，组织应该质疑他们是否真的需要奖励系统。我们还未找到不会被滥用和破坏且可以作为绩效评估来源的指标。因此，我们建议摆脱那些奖励制度，转而创造出一个人们想要出类拔萃的环境来。

几个Sprint之后，在Sprint回顾会期间，团队讨论了改进当前工作方式的后续步骤。

“说实话，我很震惊我们有这么高的缺陷率，”一个开发人员说，“我知道在产品发布后，我们会从用户那里收到大量缺陷报告。但我没想到它会这么高。我们的用户在上个Sprint交付的几乎一半的功能中发现了缺陷。我认为这是从下一个Sprint开始要做的重中之重的事。”

“是的，我同意，”产品负责人回答道，“我对客户满意度的度量显示，这种不可靠性大大降低了客户对我们产品的满意度。”

“我认为我们应该在自动化测试上投入更多的开发能力，特别是集成系统中功能的端到端测试，”另一个开发人员建议。

第一个开发人员不同意，“但这将需要很长的一段时间。我们的管理层认为我们现在的速率太慢了。我认为我们不应该进一步降低速率。”

Scrum Master 出面加强集中讨论。“我们知道我们在手工测试和修复缺陷上，以及自动化更多测试上将花费多少时间吗？也许这两方面需要下的功夫差不多，可把时间花在测试自动化上可以更好地利用我们的能力。你们觉得呢？”

团队中的大多数人都认为这值得一试。他们同意开始度量他们完成不同类型的任务所花费的时间，比如开发功能、手动测试、修复缺陷以及自动化验收测试。团队想先在几个 Sprint 中尝试这种方法，然后再决定如何继续。

6.2.3 你改进不了你无法度量的东西

我们指导或合作的许多 Scrum 团队都很清楚他们的工作、工具或流程中哪些领域需要改进。就像前面场景中的团队一样，他们经常看到值得消除的特定缺陷。当我们问他们如何知道什么时候确实有改进，以及他们如何将改进与他们所采取的行动联系起来时，他们就开始纠结了。

直觉对改进来说是很好的出发点，但不足以指导持续改进。每一个改进想法实际上都是一个需要实验验证或拒绝的假设。这样做需要团队在改进实验前后收集他们想要改进领域的数据。这种比较为他们提供了可持续发展的见解，包括他们的协作、工具和流程。

对于大多数团队来说，提出他们可以用来评估改进实验的度量指标是一项挑战。最简单的方法就是从已经生成的数据所收集的度量指标出发。当没有现成的数据可供使用时，他们需要作为一个团队就他们想要实现的目标以及为什么他们想收集的数据会帮助他们实现目标达成一致。只有当每个参与者都明白数据收集背后的原因时，他们才有动机去收集它。

最好是基于已经在做的工作自动收集和分析数据，以免产生额外的工作量。这样做不仅减少了错误，而且还增加了原先数据被收集和使用的机会。看看你、你的团队和你的组织目前在工作中使用的各种工具，看看能否从这些工具中收集到需要的数据。你可能会发现一个隐藏的宝藏。

这类工具的例子包括：

- 问题跟踪和工作管理工具（例如，Jira 或 Azure DevOps）。
- 代码质量工具（例如，SonarQube）。
- 自动化测试结果（例如，单元测试或验收测试）。
- 监控和遥测数据产品。

当数据收集和分析不能完全自动化时，留心你所付出的额外努力。尽可能轻松地进行数据收集和分析有助于实现数据收集和分析的可持续性。

> 团队已经在办公室的中心点安装了一些仪表板，以创建他

们所关心的一些度量指标的透明度。现在，穿过房屋的人们可以看到当前的构建结果、缺陷的数量、新缺陷的数量、使用情况和性能指标。该团队还计划寻找更多有价值的信息，并添加到仪表盘中。

今天，团队成员结束了一个重要的 Sprint，他们想在明天将结果交付到生产中，所以他们的许多利益相关者都出席了 Sprint 评审会，跟随演示并参与讨论。你们对这个功能有什么问题或者有什么反馈想要分享吗？”产品负责人问道。

“我有一个关于生产交付的问题，”CEO 开始说道，“在我来这里的路上，经过一个仪表板，上面显示当前的缺陷率为 30%。我记得你好像说过，这意味着我们交付给客户的每三个功能就有一个缺陷。我对此非常担心，并希望能够确保我们将高质量的产品投入生产，而不是不成熟的产品。”

“这一点很重要，”产品负责人回答道，“你是对的，目前我们在交付给客户的功能中发现了大约 30% 的缺陷。我也认为这个比率太高了。在过去的几个 Sprint 中，我们一直在优先解决这个问题，并将继续这样做。但我也必须补充的是，这些缺陷通常是我们的客户想要改进的小问题。因此，我想明天发布到生产上。对我们来说，这是从反馈中学习的最好方式。”

另一个开发人员插话道：“我想补充的是，目前 30% 的缺陷率已经比前三个 Sprint 的 50% 有了巨大的改善。这并不意味着我们可以停止改进，但我们应该从已经取得的改进受到鼓舞。”

6.2.4 监控改进，而不是指标

想象一下，两个 Scrum 团队向客户交付产品。他们都会定期询问客户对该产品有多满意，以及是否会推荐给朋友。第一个团队发现，78% 的客户足够满意，他们会向朋友推荐该产品。对于另一个团队，85% 的客户会向他们的朋友推荐该产品。哪个团队能够交付更好的结果？

对于所有回答“第二个团队”的人，请花点时间想想情景外你所不了解的事儿。在这种情况下，我们要问的第一个问题是，上一次和以前的客户满意度以及推荐的数值是多少？我们确信，一个单一的度量只是一个度量值。为了评估改进，我们需要不断地度量和分析随时间的变化。如果三个月前，第一个团队的客户满意度是 65%，而第二个团队的客户满意度是 89% 呢？情况就完全不一样了。

将焦点从单一的度量值转移到改进值，大有裨益。首先，通过把你通往目标的道路分成一系列较小的步骤，即使你的目标看起来遥不可及，你也能取得可观的进展。在前面的例子中，目标是提高客户满意度，并潜在地提高净推荐值（NPS）。像“我们想要在明年达到 90% 的客户满意度和 NPS 为 9”这样的目标，一步实现可能是非常难的，这可能会阻碍你尝试改进。如果你把注意力转移到改进上，从 80% 的客户满意度和 7.5 的 NPS 开始，在一年内达到 85% 和 8.5，也将是一个巨大的胜利，即使你还没有实现你的最终目标。

这还有另一个好处。明年达到 90% 的客户满意度和 NPS 为 9 的目标集中在任意的数字上。团队和组织可能过于关注这些数字，以至于他们只想实现这些数字，而没有真正提高客户满意度（参见 6.2.2 节的“信息价值的中立性”）。如果改进没有像预期的那样发

展，团队可能会尝试钻制度的空子。例如，他们可能会给那些在客户满意度调查中给出满意答案的客户小礼物。专注于持续改进可以将注意力从任意的目标转移到即时的改进上。

通过识别具有最大影响的变更类型，并提出可能产生更好结果的新的改进实验，检查度量中的改进趋势也有助于团队识别新的改进机会。

最后，每一个改进都是要付出代价的。对于性能的大幅提升，最初的改进可能成本很低，但随后往往会变得越来越昂贵和复杂。在某个时间点，你可能会发现更好的方法是专注于改进不同的价值领域，甚至寻找不同的目标，以在时间和金钱的投资中获得更好的回报。监控改进趋势，比较不同的改进机会，会让你从所投入的努力中取得最好的结果。

6.3 总结

Scrum 为团队提供了定期检视和调整的机会，不仅检视和调整他们正在开发的产品，还会检视和调整他们开发及交付产品的方式。要想抓住这个机会，团队必须制定目标，设计改进实验，度量结果，并使用由此得出的度量值和趋势来指导改进。

决定度量什么以及如何度量是 Scrum 团队需要自己做出的一个非常重要的选择。他们的决定取决于特定环境、经验和目标。我们选择本章讨论的指标和度量来说明我们的观点，你需要根据自己的情况自行判断。指标和度量可以帮助你找到通往目标的路，就像航海家使用地图、天气预报、航线计划和航运交通预测来安全航行到目的地，并根据不断到来的新信息调整航线、速度和方向一样。

第 7 章 Scrum 和管理

Scrum 指南并没有提到管理层或管理者的角色，它只定义了三种角色：Scrum Master、产品负责人和开发团队。它还提到了利益相关者。“管理”描述的是人们所做之事，比如产品管理和产品待办列表管理。管理者这个角色未有定义——事实上，它根本没有被提及，这通常会导致 Scrum 团队和管理者之间出现混乱。简单（但错误）来说就是 Scrum 不需要管理者。

在本章中，我们将讨论管理者在支持 Scrum 团队和帮助他们成长中所扮演的重要角色。我们将密切关注管理、领导力和仆人式领导力之间的区别。我们还研究了管理者们对“他们的”组织实施控制的鼓励措施是如何引发利益冲突的，而这些利益冲突可能会误导 Scrum 团队。在本章的最后，我们还将讨论管理层的责任，以及他们可以如何支持敏捷转型和 Scrum。

7.1 Scrum 中的管理角色

> 部门主管进入了团队工作室。“早上好。我想看看这里进行得怎么样了。”
>
> “都挺好的，谢谢。”一位开发者回答道，“昨晚有些测试失败了，不过我们已经在处理了。”
>
> “但你的燃尽图不是应该有更多进展吗?”
>
> “没错，我们目前落后于最初的计划。我们在周一的每日站会中讨论了这一滞后，我们也想到了怎么解决它。”
>
> “我不太信。”他们的主管说，“你来帮我介绍下最新进展吧，最好是每日站会之后都向我汇报一下。因为按计划取得进展至关重要。”

7.1.1 透明不是监视

管理层和 Scrum 团队之间的误解的主要来源之一是对透明的理解不同。Scrum 团队朝着 Sprint 目标努力，这样他们在了解当前工作的同时，可以自由决定关注哪些任务。传统的管理者通常关注计划和任务，他们衡量完成的程度以及剩余的时间和资源。定期编制的标准化状态报告可帮助管理者监控这些数据。具有指挥控制心态的传统管理者经常会要求 Scrum 团队准备这类报告。

Scrum 遵循的是一种经验主义方法，产品负责人负责定义要在即将到来的 Sprint 中处理的最有价值的功能。在 Sprint 计划期间，Scrum 团队决定在 Sprint 期间要实现的目标，以及哪些产品待办事项最能够帮助实现该目标。Sprint 计划会是一个透明和开放的事件，Sprint 目标和 Sprint 待办列表为 Scrum 团队和周围组织围绕当前正在进行的工作创建了所需的透明度。

我们通常要求管理者加入他们员工所接受的初始 Scrum 培训。这有助于他们了解 Scrum 是通过其工件创建的透明度，并且 Scrum 事件提供了定期检视和调整计划的机会。透明度和定期反馈有助于管理层在更高的层面上将现状与其计划保持一致。它们还有助于管理者认识到团队在哪些方面面临必须解决的困难，而在我们看来，这就是管理的主要工作。

透明度反转了管理者和团队之间的常规关系：自上而下的指挥控制被自下而上的反馈所取代。管理者“实地查看[⊖]”他们的团队内部及周围到底发生了什么。这种反馈不像报告书上的反馈一样会被润色——它反映的是真实情况，并让人们洞察到团队面临的实际困难，使整个组织层次有更深的理解和同理心，并创造出一种“我们”的感觉，而不是“我们和他们”。

当组织拥抱透明时，它就会找到帮助 Scrum 团队实现其目标的方法。透明是一种手段，使管理者能够随时了解他们想要的任何信息，从而消除对状态报告的需要，且状态报告很少反映全貌。团队就能将花费在编写报告上的时间省出来去增加产品的价值。Scrum Master 和产品负责人应该与管理层协作，了解 Scrum 团队的哪些信息需要透明，以便每个人都能最好地完成自己的工作。

⊖ Genchi Genbutsu（现地现物）是一个日语短语，意思是“真实的地点，真实的东西”，这是丰田生产系统的一个重要原则。它通常被称为“实地查看”。

> 首席安全官（CSO）在咖啡厅遇见了 Scrum 团队的一名开发人员。
>
> “明天我们要向我昨天提到的利益相关者做一个演示。”CSO 开始道。
>
> “是的，我记得你让我为你实现一个功能。”开发者回答道。
>
> “做完了吗？”CSO 问道。

7.1.2 负责不是控制

在与 Scrum 团队的合作中，我们经常会遇到这样的要求：某人出于某种原因需要某个功能，且想要立刻实现它，不想遵循公认的协议，比如经过产品负责人。这样通常会导致出现大量设计不好且未经测试的解决方案，而且还增加技术债务。但为什么会产生这种行为呢？

传统上，管理者负责确定需要做什么，决定谁来做，并分配工作，然后确保工作已经按照给定的指示完成。员工负责遵循这些指示，并高质量地完成工作。员工相信管理者最清楚应该如何完成工作。

这种管理方式仅适用于简单的任务，比如在会计系统中记录财务交易时，必须遵循系统中明确定义的程序才能准确完成工作。但是，在复杂或动态的环境中就不适用了，因为团队要在这些环境中处理新的工作或解决新的问题，例如在软件开发或研究中，团队会不断遇到需要解决的新挑战，管理者（或其他任何人）也无法知道需要做什么以及如何做。

在复杂环境中工作的团队的工作是高度互联的，对团队成员的协作能力以及基于他们不断学习的知识快速做出决策的能力有很高要求。一个与团队脱节且缺乏这种学习洞察力的传统管理者，会成为限制团队生产力和绩效的瓶颈。

此外，当要求知识工作者简单地服从命令时，他们可能会失去积极性，如果这些命令还不正确，就尤其会如此。他们知道工作是复杂的，当他们的经验和专业知识被忽视时，他们会感到沮丧。

研究表明，那些对自己命运有很大影响的人比那些掌控力较弱的人更有应对压力的能力，对工作更满意，更有目标导向。对于 Scrum 团队来说，这意味着团队成员决定他们在一个 Sprint 中计划做多少工作，如何做，以及何时完成。因此，Scrum 团队通常比传统管理的团队更投入、更积极、更专注。

Scrum 团队和传统管理者可能会因为各种原因而陷入冲突：

- 管理者想要掌控要做什么和什么时候做。
- 管理者的日程安排很紧，需要在规定的时间内获得信息。
- 管理者希望获得尽可能详细和准确的信息。
- 管理者对报告应该是什么样子以及他们需要哪些度量指标有特定的期望。

一个组织要想从敏捷获益，管理者必须在维护控制和让 Scrum 团队自管理之间找到平衡。要做到这一点，他们需要对 Scrum 和敏捷工作方式有一个基本的了解。

管理者如何学习敏捷和 Scrum

“敏捷领导者学习路径[⊖]”是从领导者的角度理解 Scrum 的一个很好的起点。它展示了管理者应该了解的主题，以便他能

⊖ https://www.scrum.org / pathway / agile - leader - learning - path。

够对于 Scrum 胸有成竹：

- 阅读敏捷宣言及其原则有助于管理者理解敏捷工作方式的基本原理。
- 掌握经验主义的概念有助于管理者理解 Scrum 如何能够比传统的基于计划的方法更有效地在不确定的情况下交付成果。
- 接受 Scrum 价值观有助于管理者理解 Scrum 团队是如何工作和协作的。
- 了解 Scrum 角色有助于管理者们了解谁对什么负责，以免产生误解。
- 了解团队如何使用自组织来完成工作，有助于管理者了解他或她可以做些什么来帮助团队更好地完成工作。

随着管理者在这条道路上越走越远，他们意识到，在确保责任方面，透明是比自上而下的管控更有效的手段。授权和支持团队能够激活和团结整个团队来交付更好的结果。一个自组织的团队就像一个支点，它可以增加一个组织解决问题和交付价值的力量。在传统组织中，管理者需要花大量精力来让团队专注于想要实现的目标。当团队以自组织形式寻求目标时，管理者能够通过帮助他们克服障碍从而取得更大的成就。

7.2 如何实现自组织

这是 Scrum 团队的第五个 Sprint，团队的自组织能力越来越强，但也有一些不可控的事情想要改进。

在前两次 Sprint 回顾会中，团队成员将自动化构建、测试和部署流程确定为他们真正想要做的事情，这样可以提高他们交付价值的能力。不幸的是，他们遇到了组织上的障碍。Scrum Master 向团队的管理者寻求帮助。

"我能打扰你一下吗？我们一直在努力让我们的交付流水线自动化，以便能更有效地交付，但我们受到了其他团队的阻碍。"

"怎么说？"

"流程和工具团队正在进行产品评估，并与供应商就流水线自动化工具的公司层面许可进行谈判。而运营部不给我们创建测试环境的控制权，我们必须先填写申请，他们才会向我们提供我们需要的东西。我们现在需要能控制自己的工具和测试环境。如果总是需要等待其他团队为我们做事，我们很难取得进展。"

"我认为你们现在是自管理的，"管理者说，"这是你的问题——你需要和其他那些团队谈谈，和他们一起解决一些问题。你不能指望随时遇到问题就跑来找我。你必须尽力而为。"

7.2.1　领导不是指导

与管理能力相反，领导力是指在领导者有影响力但不直接控制的情况下，引导其他人、团队或组织的能力。也就是管理者会试图控制，而领导者会设定明确的目标来施加影响，然后帮助消除实现这些目标的障碍。Scrum 需要多一点领导力，少一点管理手段。

仆人式领导力进一步发挥领导者的作用，将领导者的关注点从引导人们实现某些成果，转移到设定明确的目标，然后帮助人们发展并尽最大努力来实现这些目标。领导者的角色从被人服务变成为人服务。仆人式领导力通过增加员工的参与度、忠诚度和积极性来交付有价值的业务成果，帮助组织提高实现目标的能力。一些排名靠前的公司就采用这种领导方式，研究[㊀]表明，它们的排名之所以靠前与这种领导方式密切相关。

领导者也会关注其业务的“护栏”以及其他团队的需求和限制。当他们为团队可以自行决定的内容以及需要与其他团队同步并达成一致的内容定义了清晰的规则时，他们就创建了一个可以发展自组织的安全空间。自组织并不意味着你不需要遵守任何规则。但现有的规则应该给你足够的空间，让你自己和团队一起做出决定。

有时团队需要帮助，而且是以相当直接的方式。在前面的场景中，团队是自组织的，但只在它自己的工作范围内。它的改进能力受到组织的责任结构的限制：团队需要来自其他团队的东西，而那些团队又没有响应。在这种情况下，仆人式领导必须联系组织的其他部门，设法移除障碍，并充分利用自己的组织技能来谈判以获得一个更好的结果——谈判、交换政治利益，甚至可能寻求政治支持来完成事情。

7.2.2 自组织并不缺乏管理

在前面的例子中，管理者进入了另一个常见的误区：当团队进

㊀ 更多信息，请参见 Sen Sendjaya 和 James C. Sarros，“ Serrant Leadership:Its Origin,Development,and Application in Organizations,” *Journal of Leadership & Organizational Studies* 9(2):57-64,2009。

行自组织时，管理层就没有作用了。自组织的团队也需要管理者做出决定并采取行动，只是不介入团队职权范围内的事情。这意味着管理者需要帮助团队与组织的其他部分进行谈判，他们需要为团队争取关注和资源，当组织的不同部门还停留在旧的工作方式中时，他们需要做出继续前行的决定。

在这个例子中，Scrum Master 向管理者寻求帮助，因为团队无法自行采取行动。团队遇到了阻碍，因为组织中的其他部分才拥有对某些特定问题的决策权，在本例中是关于自动化构建、测试、环境配置和部署工具的决策权。其他常见的冲突领域包括团队人员配置问题、供应商管理、合同、法律和安全问题，还可能由于应用程序或组件所有权、技术或架构问题而发生冲突。

无论冲突的原因是什么，团队不可能总是靠自己解决问题。他们可能缺乏组织知识、政治技巧或谈判协议的资本。这并不总是关于级别和权力，管理者之所以能担任这个角色，是因为他们有能力、有经验应对跨组织边界，实现互惠互利。他们擅长解决的问题并不会因为他们的团队正在自组织而消失。事实上，在许多情况下，自组织暴露出的更大的透明度甚至创造了更多需要有经验的谈判代表来解决的情况。管理者是唯一有资格帮助团队克服这些问题的人。

从管理者到仆人式领导的过渡

在许多组织中，管理者通过被授予一个特定的职位而拥有合法控制权，转而职位又赋予其地位。因此，失去合法化和控制权会导致地位的丧失。拥抱仆人式领导力和自管理团队的组织需要找到其他方法来使领导力合法化，并创造一个环境，让管理者可以成为仆人式领导，又不会失去他们的地位或职位。这需要从员工成长为管理者的路径开始考虑，一直到迫使管理者用原始数字来思考的奖励制度。

组织需要找到一种方法来应对以下挑战：

- 为员工提供职业发展路径和成长机会
- 定义和管理职业级别
- 建立工作目标
- 定义和管理薪酬
- 定义报告关系

为了过渡到仆人式领导模式，传统的管理者需要放弃他们的旧做法，学习一种新的方法来指导组织向目标前进。传统的管理者认为，人们是漫无目的的，除非有人告诉他们该做什么，否则什么事也做不成；仆人式领导认为，人们想要把工作做好，而且最熟悉该工作的人最适合决定怎么做。

7.2.3 自组织并不容易

自组织团队要真正有效地指导自己的工作并不容易，它也不时地需要指导和支持。它需要帮助来成长和克服障碍，而当管理者扮演仆人式领导的角色时，他们就有得天独厚的优势来提供这种帮助。刚接触自组织的团队还不知道自组织的真正含义，也不知道如何进行自组织。他们在学习过程中需要伙伴，而这个人就是他们的管理者。

管理者面临的挑战是，在合适的时间，当团队准备好承担责任时，逐渐下放责任。如果他们过快地迫使团队承担太多责任，团队会觉得自己被抛弃了，并且感到困惑，但如果管理者迟迟不下放责任，团队就会感到沮丧和挫败。

放手对管理者来说也是一个挑战。当他们放手的时候，他们会感到他们正在失去权力和地位。如果他们做得好，他们会获得更大的影响力。一个有效的仆人式领导是一种催化剂，通过消除阻碍团队发挥其全部潜力的障碍，帮助组织交付价值。他们的贡献不易察觉，但对取得积极的结果至关重要。

帮助团队成长并承担更多的责任，可以解放领导者去做一些新的事情：帮助优化组织以适应变化。当团队能够指导自己的工作时，领导者就可以从公司的日常运作中解放出来，去展望未来，寻找新的目标，并帮助开发组织应对新挑战的能力。我们将在第 8 章中进一步探讨这方面的领导力。

7.3　总结

虽然管理层不是一个 Scrum 角色，但它对于在组织内部成功实施 Scrum 起着重要作用。管理层和 Scrum 相互需要，通过相互支持，他们一起取得的成就比单独所能取得的成就要高。但是这种新的工作方式对双方来说都是陌生的，而且具有挑战性，因为缺乏模型来指导他们如何一起工作。除了掌握在交付有价值的产品方面的经验之外，团队和他们的管理者还需要确定他们将如何合作以取得积极的结果。

管理层和 Scrum 团队之间的许多冲突都源于管理者放手责任的不适感，担心失去职位和地位。但是，放手对日常工作的监督，让团队来承担这些责任，管理者就会成为真正的领导者，他们会把自己从细节中解放出来，创造机会，做出更大的战略贡献。在这一过程中，他们的职责从监督转变为指导和发展组织以提高竞争力。

第 8 章

敏捷组织

正如 Scrum 指南没有提到任何关于管理层或管理者的角色一样，它也没有提到任何关于支持 Scrum 所必需的组织架构。事实上，许多不同类型的组织架构都可以适应工作，只要它们能够为客户交付价值，并能移除任何阻碍。

在本章中，我们将考虑组织架构、流程和文化等因素在帮助 Scrum 团队向客户交付价值方面的重要性，以及管理者在清除组织强加给团队的障碍方面所扮演的角色。我们还将探讨透明的概念如何取代传统的治理流程，以及如何挑战那些习惯用控制信息访问来维持管控的组织。

8.1 组织架构既可能帮助 Scrum 也可能阻碍 Scrum

> 一位开发人员完成了他的年度考评面谈。
>
> “这太荒谬了。我的部门主管想知道我在下一年具体计划做什么，这样他就能制定目标，完成目标我就能拿到奖金。我们通常甚至都不知道三个月后要做什么，怎么可能知道明年要做什么？”开发人员非常沮丧。
>
> 一位同事试着让他平静下来。“我上周也被问了同样的问题。我感觉不是每个人都理解 Scrum 需要多深的改变。”

8.1.1 新工作，旧环境

是的，这种情况仍然会发生。许多公司无法理解员工的工作是真的会有很大变化，他们以为 Scrum 只是改变角色名称并将那五个会议纳入团队的议程。其实远不如此。

要获得 Scrum 的好处，还需要改变组织中除 Scrum 团队之外的其他成员的工作方式。在组织改变之前，Scrum 不会展示出其所有优越性。让我们来看一些领域的案例，这些领域的组织为了从 Scrum 中获益，还必须让自己变得更加敏捷。

前面的场景说明了一个领域：领导力。管理者需要用不同的方式来领导他们的员工。每年进行一次考评面谈，就员工的一两个工作目标达成一致，员工完成目标就能获得奖金，这无法激励员工，也无法帮助他们提高技能或工作水平。实际上，正如开发人员的反应所示，应用传统的管理方法实际上会降低人们的积极性。

激励和持续改进是 Scrum 的核心。在一个自组织的团队中工作，解决复杂的问题，并经常收到关于个人所创造价值的反馈，都是很好的激励因素。回顾和在跨职能团队中工作能不断改进个人的技能，而这反过来又改进了更广泛的组织。

长期规划也是如此。在变化是常态的敏捷环境中，组织不能期望创建一年或更长时间的详细计划。组织需要像他们的 Scrum 团队一样响应变化。他们需要的不是详细的年度计划，而是明确的目标，以及一个只是关于他们将如何实现这些目标的粗略计划。每个 Sprint 都将为实现这些目标的下一步提供一个详细的计划，组织将能够根据其目标来度量进展，这在以前通常是不可能的。

组织也经常需要改变决策方式。拥有许多层级结构的组织通常在做出决策时相对较慢，这与具有同等规模但层级结构较扁平的公司形成了鲜明对比。原因是，每一层级都必须为上面的层级整合并准备信息和数据，然后等待决策传回。决策应该在最接近工作结果的地方做出。这意味着，在一个拥有自组织团队的敏捷环境中，大多数决策都是由团队自己做出的。更大的决策往往由团队代表准备和做出，独立于高级管理层。组织中的管理层和领导阶层来创造并维持这种自组织可以实现的空间。

除了决策方式，组织通常还需要改变架构，特别是当他们被组织成职能部门，或职能孤岛时。当跨职能和自组织的团队成员被组织成职能孤岛时，例如当所有开发人员为开发经理工作，所有测试人员为 QA 经理工作时，他们会对应该听从谁的领导感到矛盾。如果经理让他们从事一个“特殊项目”，但 Scrum 团队又需要他们的帮助来实现 Sprint 目标，他们应该怎么办呢？

消除这些冲突意味着要改变组织架构。对于如何做到这一点或该做什么，没有简单的建议，但典型的解决方案通常涉及创建个人和团队的网络[⊖]。

> CEO 在全体会议上说：“我们已经看到我们的 Scrum 团队干了很多大事，我们相信这种工作方式可以帮助其他团队。作为一个管理团队，我们致力于帮助 Scrum 团队发展壮大。”
>
> 一个开发人员悄悄地对另一个人说，“好是好，但我的经理告诉我，如果我想晋升一个级别，就应该专注于发展和提高我的开发技能。她说提高我的测试技能将帮助我的 Scrum 团队更有效地交付，是一件好事，但这并不会帮助我在她的组织中得到晋升。”

8.1.2 职能型组织可能阻碍团队发展

职能型组织建立在这样的信念之上：增强专业技能是提高组织能力以交付价值的最佳途径。他们认为，跨职能技能的培养，往好了说，是无关紧要的；往坏了说，是一种危险的分散时间和精力的做法，而这些时间和精力最好花在专业领域更深入的技能培养上。Scrum 并不反对专业技能，但它重视团队成员在决定他们需要什么技能时的灵活性。

在职能型组织中，员工根据特定的技能和知识被分组进行管理。每个职能部门处理所提供的产品或服务的一个方面，包括一个

⊖ 或许你也想看看全员参与制（见 https://sociocracy30.org）或合弄制[Robertson 15]。

特殊小组（项目管理办公室，简称 PMO），负责协调这些不同小组生产产品或服务所需的工作。职能型组织认为，管理具有相似技能的员工可以通过促进沟通和知识传递来提高这些技能的深度。通过奖励技能的深度，它也限制了每个员工可以执行的工作类型的多样性，并降低了团队的灵活性。

当拥有一组专业技能的人认为不需要与其他专业技能组共享信息时，就会导致职能型组织出现组织盲点。他们不了解其上下游的工作，会错失分享他人可能需要的信息的机会。由于每个人都专注于他们自己的职能专长，就需要项目经理确保每个人都在跨职能领域进行协作，以创造客户价值，但这对一个人来说责任太大了，特别是当他或她经常缺乏理解所有需要协调的未得到满足的需求所需的深厚技术技能时。

职能型组织通过增加等待时间和工作移交，减少了对结果的责任并稀释了人们对客户的关注度，从而降低了自己实现目标的能力。它们要么通过鼓励员工变得过于技能狭隘，无法跨职能工作，要么阻止他们培养能够提高团队交付价值能力的技能，从而降低了员工的潜力。狭隘地专注于构建专业技能，职能型组织无法预测、开发和发展新的技能，而鼓励人们建立他们所需的任何技能以最好地向客户提供价值，人们才能学到这些技能[⊖]。

8.1.3 职能型组织提供了职业发展路径，但要付出代价

职能型组织是层级化的，在这种组织架构中，人们根据其专业

⊖ 你可以在 Patrick Lencioni 的 *Silos, Politics and Turf Wars: A Leadership Fable about Destroying the Barriers That Turn Colleagues into Competitors*(San Francisco, CA: Jossey-Bass, 2013) 中找到更多关于孤岛和如何打破它们的细节。

技能在从业人员中的排名而得到晋升。从业者上面有管理他们的人，管理他们的人上面又有管理人，以此类推。大型组织可能有许多层级的管理人员。这些级别提供了晋升机会，同时伴随着收入的增加和地位的提高。

当必须由层级结构较高的管理者批准本来可以由跨职能团队做出的决策时，这些级别就会增加协作的复杂性。正如我们在本书前面所描述的，授权团队做决策，可以提高团队士气和团队向客户交付有价值的产品增量的能力，但这种授权也会削弱管理者的地位，因为他们不再需要参与决策。这种地位的丧失常常会导致管理者对 Scrum 抵触情绪的不断增长，有时甚至是无意识的，因为他们觉得自己的地位和权威受到了损害。

取消层级制度也会削弱通过晋升来奖励个人的能力。这不仅对管理者是如此——而且可能会影响 Scrum 团队成员。虽然成为高效 Scrum 团队的一员是非常值得的，但团队成员可能想知道它将引领他们走向何方。如果他们提高薪酬或职业认可度的唯一机会是要与职能部门协作，那么即使是最乐观的 Scrum 团队成员最终也会放弃，并回到一种追求职能的工作方式。

最后，不是每个人都善于自我指导，自己寻找新的目标。他们需要别人帮助他们理解自己能干什么，以及如何提高自己的技能来实现这些目标。

纯职能型组织的一个常见替代方案是矩阵型组织，这可以解决一些问题，但其自身也有一些挑战。如下是有关矩阵型组织的更多信息。

矩阵型组织不能解决职能型组织的问题

为了鼓励跨职能协作，许多组织采用了矩阵型组织架构，这种架构通过将各种职能领域的成员聚集在一起来组成团队。在这种方法中，团队成员从他们的团队中获得日常指导，但他们的长期职业路径会被绑定到某个职能领域。实际上，团队成员可能有不止一个老板。在许多组织中，员工是多个团队的成员，特别是当许多不同的团队对他们的技能有很高的需求时。理论上，这会导致拥有这些稀缺技能的人被分散到许多不同的团队和项目中，以尽可能充分地利用他们。

在实践中，这种架构经常导致团队在需要时不具备相应的技能，总是在等待那些正在帮助其他团队的人。如果允许他们自组织，他们可能会发展自己的技能，但是职能专业化规则又阻止他们发展。

矩阵型组织管理起来也很复杂。为了确保人员在需要他们的地方、需要他们的时候出现，并尽量减少冲突，项目经理需要跟踪依赖关系并创建时间表，而且时间表现在必须跨团队和跨产品。为了做到这一点，团队必须提供报告和详细的工作计划，这些报告和计划消耗的时间会越来越多，但始终不足以管理复杂性。因此，所谓的职能型组织效率效益永远无法实现。这些组织通常很难在短时间内交付工作产品增量。

8.2 复杂的组织需要彻底的简单

> 产品负责人参加完与利益相关者的会议后回来说道："我们就快成功了，可人们都在打听我们在做什么，现在每个人都对我们应该如何与他们打交道有自己的想法。我好难过。"
>
> 其中一名开发人员插话道："可不是嘛！现在，企业架构团队想要检查我们正在做的事情，以确保我们与他们的决定一致，并且他们想要参与 Sprint 评审会，以确保我们遵守规则。"
>
> 另一个开发人员笑着说："难道他们不知道 Sprint 评审会不是一个审批会议吗？认真来说，随着我们的工作变得更加透明，组织委员会的微管理倾向开始成为我们的一个问题。这种情况必须停止。"

8.2.1 Scrum 可以帮助实现彻底的简单

有一种观点认为，大型复杂的组织需要大型、复杂的组织架构和大型、复杂的流程。事实恰恰相反，大型复杂的组织架构分散了组织的重点和任务，导致每个"孤岛"都有一个略微不同的任务和重点。作为顾问，我们花了很多时间在大型组织中，它们感觉就像许多小组织，每个小组织都有各自围绕着促进自身利益而不是服务客户的文化和价值观。

以客户为中心的 Scrum 团队体现了彻底的简单。他们只有三个角色，所有的角色都专注于交付价值。他们将角色和技能分开，团队成员可以发展他们需要的任何技能来更好地帮助他们的团队，从而使客户获益。他们不需要复杂的流程，因为他们可以在组织建立的宽阔边界内决定自己的工作方式。因为Scrum团队的计划间隔很短，所以不需要大规模的计划和监督职能。团队成员是在实践社区从同伴那里获得建议和见解，这些同伴指导和帮助他们建立技能，而不是通过经常远离日常工作的管理者来指导其职业生涯。

这并不是说组织的一切工作都将由组成为Scrum团队的人来完成，尽管我们已经看到Scrum应用于人力资源和市场营销等非产品开发职能，我们也与其他部门有类似经历的同事交谈过。Scrum团队有时甚至也需要在特定领域拥有深厚技能的人的帮助。在这些情况下，专家可以加入Scrum团队一段时间来传授技能，或根据需要参与其中。将这些专家有序安排在自己的子组织中是有意义的，但他们的首要任务是为Scrum团队服务。

拥有Scrum团队的组织通常有两种组织架构：向客户交付有价值功能的主要机制—Scrum团队，和按职能组织的支持人员。将这两者结合起来的原则是将Scrum团队所做的工作，也就是组织为客户所做的工作，摆在中心位置，并将支持人员组织在Scrum团队周围，这样Scrum团队就可以在需要时获得他们所需要的帮助和支持，无须等待、排队或必须提交正式的请求。这有助于组织更高效地响应客户的需求。

> 管理者走进Scrum团队的房间，显然很激动。“我需要你们停止公布已发布功能的使用数据。一些利益相关者已经看到了你们的仪表盘，并注意到他们如此努力加入到产品的功能几乎没有被使用。然后觉得自己看起来很没用，就好像他们什么都不懂一样。”

“也许他们确实什么都不懂，”一个开发人员插话道，“关于客户的真正需求，我们都有过很多错误观念，我们学到的唯一方法就是度量、检视和调整。”

“我理解这一点，但这正在制造一个政治问题，它会反过来伤害我们。”

8.2.2 彻底的简单需要彻底的透明

传统的组织是围绕选择性发布信息建立的，对信息的控制是一种权力，决定分享什么以及如何分享是管理者的主要职责之一。但是这种选择性的信息分享意味着没有人完全了解情况，每个人都在基于过滤过的和有偏差的（通常是无意识的偏差）信息做错误的决策。

当人们开放交流时，他们会了解到不同的观点，从而产生新的想法。创新往往源于不同背景、技能或观点的人之间的协作。当他们的观点被过滤或同质化时，人们往往只会强化现有的想法，而不会开发新的想法。

原本层级森严的组织可能会发现透明具有威胁性，例如，对于一个期望了解其职权范围内正在发生的事情的管理者而言，当他不再总是第一个知道新事件时，就会感觉自己受到了威胁。管理者们也可能会觉得某些信息让他们“看起来很没用”，就像前面描述的情况一样。讳言数据并不会改变情况——它只会让人无法对数据做出反应。

我们的一位前任经理曾说过一句话：“事实是友好的。”淡化或歪曲事实，使情况看起来比实际更好，在短期内可能会有所帮助，但最终永远不会有一个好结果。一个组织对新信息的反应越快，它的表现就可以越好。

让一个习惯于总是以积极的方向呈现信息的组织适应彻底的透明需要时间和信任。这意味着需要冷静地看待信息，是怎么样就怎么样，不歪曲信息。但是，除非组织能够正视世界，而不是将世界看成它所希望的那样，否则它永远不会真正接受经验主义，也永远不会真正从中受益。

> 产品负责人走进经理办公室，显然很沮丧。“我需要和你谈谈关于高管状态报告会的事。我在浪费宝贵的时间准备状态更新，将风险标记为红色、黄色或绿色并报告我们已经完成了哪些功能。这简直是浪费时间，红黄绿状态的东西完全是主观的，只要高管想看，就可以从我们的仪表板上看到进度信息。能不让我去吗？”
>
> “我希望我能让你不参加这些会议，但高管们说，状态报告会议是他们了解情况的最佳方式。”
>
> “事实并非如此。大多数时候，重要的人都不在，且他们大可不必在会议中被灌输信息。我打赌如果他们习惯了我们提供信息的方式，他们会发现，他们的问题只需花现在的一小部分时间就能得到答案。”

8.2.3 用透明取代汇报链和治理流程

传统组织中的“孤岛”阻碍了信息的自由流动，迫使组织创建复杂的报告机制，以确保人们得到做决策所需的信息。不幸的是，这些信息往往是经过选择的，并且会被解释和聚合所扭曲，所以人们很少能得到他们真正需要的信息。用透明来取代这种复杂性，可以确保人们在需要的时候得到他们想要的信息，不经过滤和扭曲。

Scrum 提供了简单易用的信息共享机制。任何感兴趣的人都应该能够看到团队的优先级，了解团队正在做什么，以及团队希望在 Sprint 结束时实现什么。他们应该能够理解决策是如何做出的，以及由谁做出。实现有效治理所需的所有要素都存在，而无须任何人实施额外的流程。事实上，与 Scrum 已经提供的流程相比，这样的流程往往更难治理，也更不透明。

问题是，传统的组织实践很不透明，需要额外的流程来治理。让 Scrum 团队接受同样的流程只会增加额外的工作。当组织理解并拥抱透明时，他们发现，通过减少治理开销，他们可以花更多的时间为客户交付价值。

> 产品负责人很沮丧。“我花了太多时间向我们所有的不同利益相关者更新信息。每个人都只关心我们所做的事情会如何影响他们的组织‘孤岛’，似乎没有人关心客户。”
>
> “什么意思？”
>
> “人力资源部门想知道我们未来的招聘需求。开发部门想要了解我们的 Sprint 计划是如何整合他们开发的企业架构的。客户支持部门只是关心添加事务日志。合规部门希望确保我们会填写他们的合规报告。但当我试图谈论我们如何提高客户价值时，他们并不感兴趣。他们似乎只关心自己狭隘的利益，而不是顾客的利益。”

8.2.4 打破“孤岛”，围绕客户价值进行调整

在本章的前面，我们讨论了许多职能孤岛型组织相关的场景，并且发现职能型架构的组织需要一个额外的项目管理组织来在孤岛之间协调。这些组织通常还需要孤岛之上的额外管理层来指导孤岛的工作。

孤岛也会使目标复杂化。复杂的组织目标需要映射到孤岛上，这使得它们更加难以理解，因为每个孤岛只关注目标的一个方面。如果所有“孤岛”的目标都实现了，组织目标也就实现了吗？也许吧，但通常无人知晓。

从 Scrum 团队对客户的专注上，组织可以学到很多东西。以可度量的客户幸福感改善或满意度提高来表达目标是非常具体的，这使得 Scrum 团队在实现该目标时更容易理解；而一般的公司目标通常是模糊的和不可度量的。围绕客户进行组织可以提高专注度和灵活性。组织实践社区来分享知识，以及调整共同的共享职能（如人力资源）以在必要时支持面向客户的团队，可以很好地减少各个面向客户的小组或团队之间发生矛盾的概率。

孤岛型组织为了追求专业知识的标准化而失去了与客户的联系。将客户重新置于组织的关注焦点，并让实践社区承担知识共享和专业指导的任务，有助于组织提高反应能力和竞争力。

8.3 总结

Scrum 团队总是存在于既有支持又有约束的组织环境中。组织的组织方式要么使他们的生存更容易，要么更困难。职能型组织，

无论是否采用矩阵型管理，都有可能降低 Scrum 团队的效率，原因是其将技能过于专业化或其阻碍了团队成员学习帮助团队所需的新技能。职能型组织可能会因为不能适应变化的环境而限制可以通向新职业路径的学习。

后传统组织看起来要扁平得多。它以团队或团队群为中心，通过自组织向客户交付价值。其余的支持职能侧重于使跨职能的面向客户的团队专注于交付价值。组织本身拥抱经验主义和透明，随着时间的推移来学习和成长，以提高其交付价值的能力。

这些变化不会在一夜之间发生，也不会在几周内发生，甚至也不会在几个月内发生。即使是最专注的组织也需要数年的时间来重塑自己，因为真正需要做的改变不是架构上的，而是文化上的，而文化上的改变需要很长很长的时间。但通过坚持和专注，文化可以而且确实能够改变。

第 9 章

持续改进永远不会停止

许多组织把引入 Scrum 和补充实践作为一个有起点和有终点的项目。他们希望能够“实现”Scrum，并且一旦实现了，就能更快、更可靠、更高质量地交付价值。

这些组织不知道 Scrum 不是一种供安装使用的工具。Scrum 意在创建一种持续改进的系统和文化，使组织能够根据反馈不断改变和适应。持续改进的重要方面是它会持续发生。改进永无止境。

正如运动队不断努力变得更好一样，Scrum 团队也不断努力改善他们的环境、工具和实践。正如运动队及其能力在不断变化的环境中发展一样，Scrum 团队也在一个不断变化的环境中生存和工作，因此他们不断调整自己的技能和实践来适应这些变化。变化中的每一次改进都是为了下一次更好地改进。

当我们回顾 Scrum 的 25 年，Scrum 实践者为了成功而做的许多事情已经不再对他们有所帮助了。世界在不断地变化，所以 Scrum 团队必须不断发现有助于他们的东西。因此，Scrum 并没有规定实践，而是帮助团队学习如何协作和自管理，从而学会找到自己的方法。团队一起寻找出路，回忆自己是如何学习与进步的，是一种让人谦卑但又十分惬意的体验。

9.1 如何持续改进

> “行吧。我浪费了两天时间来构思我们的手机应用。今天早上我们和一些顾客试了试，没有人喜欢。”
>
> 开发团队的一名成员感到很失望。他给了产品负责人一个可点击原型，能够在实现前验证功能创意。
>
> “最糟糕的是，我认为这个想法很好，并对它抱有很高的期望。”
>
> “但这是否意味着这个功能的创意不好，或者只是原型目前的实现方式需要改进？”他的同事饶有兴趣地问道。
>
> “在我看来，这个创意很有前景，我不想这么快就放弃。”
>
> “没错，”产品负责人表示同意。“我们应该改进这个想法，尝试另一个版本的原型。一些测试用户给了我们不错的的反馈，我想在下一个版本中考虑这些反馈。我相信我们将会有很大的改进。”

9.1.1 失败：学会的第一步

如果你失败了，永远不要放弃，因为失败意味着“学会的第一步”。

——A.P.J.AbdulKalam，印度前总统

大多数人都讨厌失败。他们把失败看作是一种尴尬，并试图避免失败。但创新意味着面对未知，而我们曾学到的唯一方法就是去尝试，但结果却不像我们预期的那样，因为这个意想不到的结果迫使我们用新的方式来看待这个问题。“失败”其实是通往学习的大门。在复杂的环境中，正确的答案和正确的解决方案是无法预测的。我们必须通过在小实验中验证假设，检视结果，并根据反馈进行调整才能找到答案。听起来很耳熟，是吗？

每一个实验都试图通过测试我们认为正确的东西是否真的正确来填补我们知识上的空白。无论测试是否成功，我们都学到了一些东西，而当我们的实验推翻了我们的观点时，我们学到的东西往往比当实验证实了我们的观点时更多。时间至关重要，所以当我们做出了错误的假设时我们需要迅速了解，以免我们花太多的时间和精力在错误的道路上。

失败并不意味着交付质量差的解决方案。这是可以而且应该避免的失败。一个未达预期的实验是一个值得欢迎的学习机会，而未达预期质量的失败则是不必要的，也是令人讨厌的。

传统的组织经常试图避免失败，甚至到了惩罚失败的地步。由这种心态所产生的不信任文化会导致两种不良结果：

- 人们隐藏失败。
- 人们通过不冒任何风险来避免失败。

隐藏失败的话，Scrum 的第一个支柱就会倒塌：透明。Scrum 团队需要透明，以便制定新的假设，并创建和执行新的实验。隐藏

失败会耗费很多的努力，而你最好把这些努力花在从失败中学习和改善现状上。当人们试图隐藏失败、责备他人，或编造借口时，他们就错过了宝贵的学习机会。

避免错误也是同样的问题。为了正确地验证一个假设，必须客观对待实验结果。如果一个实验为了证明一个特定的假设，那么很有可能结果会和预期的一样，但它并不能反映现实——它反映的只是你的假设（请参见第 6 章中文本框的“信息价值的中立性”）。这就是临床实验作为双盲实验进行的原因，实验中的执行研究者和受试者都不知道谁接受了安慰剂，谁接受了真正要测试的药物。

如果你的组织厌恶风险，并试图避免失败，那么从一些小的实验开始，并展示尽早和经常学习的好处，将会有所帮助。它还有助于避免将失败与错误或故障联系起来，转而讨论已经失效的假设。我们的目标不是隐藏失败，而是将失败重新定义为帮助我们改进结果、工具和流程的东西。

“我觉得我们的回顾会似乎没什么价值了，”一名开发人员在从 Sprint 回顾会议返回团队的路上对她的同事说，“我们似乎只谈论一些小问题和小改进。我认为我们的 Scrum 实践已经很好了。”

“我认为你说得对，”她的同事回答道，“我们不应该把时间浪费在定期的 Sprint 回顾会议上，我们可以在需要改进的时候再安排回顾会。”

“没错。这样我们就有更多的时间来做产品了。让我们在下次回顾会上把它作为改进建议提出来吧。”

9.1.2 我们已经改进了我们能改进的一切

既然已经没有什么需要改进的了，为什么 Scrum 团队还要进行 Sprint 回顾会呢？让我们换个情境来重新审视一下：一支在联赛中处于领先地位的橄榄球队，为什么还要继续进行训练呢？这个例子体现了 Scrum 团队普遍存在的一个误解：许多团队认为，总有一天所有地方都不需要再改进了。

最优秀的团队会不断地寻找他们可以改进工具、流程和工作方式的地方。否则，他们就会走下坡路，然后回到原点。

现在，你瞧，你要竭尽全力地奔跑，才能保持原地不动。如果你想去别的地方，你要跑得比那至少快两倍！

——Lewis Carroll，《爱丽丝漫游仙境》

这句话并不完全符合语境，因为在 Carroll 的书中，这些规则多少有些武断，而在现实世界中，改进的需求通常是由竞争驱动的。但结论是吻合的：停滞等同于退化，不进则退。

使用 Scrum 事件定期检视和调整的团队在开始使用 Scrum 时通常会得到显著的改善，就像一个身材走样的人开始定期锻炼一样，在开始时会获得巨大的成功。随着时间的推移，每一次改进都变得更加困难，而改进量似乎也在减少。随着改进变得不那么明显，也更难找到改进的机会。这可能会导致团队和个人失去动力，因此他们需要增加注意力来继续改进。

由于 Scrum 团队的工作环境将发生变化，因此他们需要不断适应并调整他们的实践、工具、战略和战术，以确保有效。旧的有效实践时常会失去相关性，必须被新的实践取代。如果 Scrum 团队没有意识到这一点，那么他们可能会继续使用旧的实践，即使这些实践已经失去了效力。这些旧实践甚至有时会成为进一步发展的障碍。

从某种程度上来说，我们从未见过一个 Scrum 团队无法在某种程度上得到改进。当团队开始使用 Scrum 时，他们的改进通常是对流程、协作技术或交流模式的简单改变，从而产生显著的效果。随着经验的积累，他们的改进会变得更小、更渐进，通常会对协作、沟通或工具的特定方面进行微调，以改进工作流程、降低风险或提高他们协同工作的有效性。就像一支运动队一样，这些微小的、有时几乎无法度量的进步一起，使业余俱乐部与职业球队之间的表现有所不同。

CEO 邀请 Scrum Master 参加一个会议，讨论组织中 Scrum 的发展。

“我真的很高兴 Scrum 团队在过去几个月里发展得这么好，”这位 CEO 说，“我认为这些发展很多都归功于你们为 Scrum Master 所做的工作。非常感谢。”

“谢谢您的夸奖。虽然我一直在努力支持开发团队和产品负责人作为一个 Scrum 团队进行改进，但他们在各自岗位上所做的每一项改进都能赢得赞誉。”

“说得好，我想了想一些相关的事情。我们正在考虑雇佣更多的开发人员来应对客户越来越多的对新功能的需求。如果我们用这些新员工创建一个新的 Scrum 团队，你也愿意做他们的 Scrum Master 吗？”

Scrum Master 没想到会这样，他沉默了几秒钟，然后笑了，“谢谢你对我和我的能力的信任。如果能与一个新的团队合作，帮助他们学习和练习 Scrum，那太好了。这也能够更快速响应客户的需求。但谁会接替我担任当前团队的 Scrum Master 呢？”

“嗯，他们不能照顾好自己吗？也许他们需要一些过渡时间，但既然你自己也说他们在过去几个月有了很大进步，他们接下来的路不能自己走吗？”

9.1.3 Scrum Master 要被淘汰吗

简单的回答是不。Scrum Master 支持 Scrum 团队和周围的组织，帮助他们持续改进。就像教练帮助一个运动队变得更好一样，Scrum Master 帮助 Scrum 团队。要想让一个 Scrum 团队变得更好，就越需要一个更好的 Scrum Master，才能帮助团队进一步改进。

如果一个职业运动队解雇了他们的教练，让球队自己制定和执行训练计划，会发生什么？这个团队能够保持它目前的成功状态吗？不能，运动队的教练提供了一个外部视角，可以让队员们看不见的缺陷变得透明。同样地，Scrum Master 可以透明化 Scrum 团队和周围组织所不知道的改进机会。当这个外部视角被移除时，一个重要的改进部分就会被忽略。

我们作为 Scrum Master 的经验表明，随着 Scrum 团队经验的积累，我们的工作也会发生变化；他们会有不同的问题，我们会在帮助他们理解规则、角色和实践上少花点时间，而在帮助他们磨炼技能和改进他们的工作流程上花更多的时间。一个有经验的团队的

Scrum Master 更像是一个教练，提出正确的问题，并让 Scrum 团队找出答案。Scrum Master 和他们经验丰富的 Scrum 团队之间的对话从机械地讨论如何应用 Scrum 或一个特定的实践，转向到思维和文化的问题。

这使得 Scrum Master 的工作更有趣，但也更有挑战性。这些工作为 Scrum Master 这一角色创造了成长的机会，并增加了经验和细微差别。这段旅程既有趣又充实，没有尽头，所以叫做持续改进。

 9.2 回顾是改进的驱动力

> “好，请回想一下上个 Sprint 发生了什么。”
>
> Scrum Master 让团队的其他成员思考片刻。团队成员刚刚开始他们的 Sprint 回顾会，Scrum Master 希望它以积极的方式展开。
>
> “可以了吗？那么，请一位接一位地用一句话来告诉我，你们这个 Sprint 的亮点。谁先来？”

9.2.1 强化积极面

Scrum 团队通常将 Sprint 回顾会分析的重点集中在他们可以改进的内容上。这是有意义的，因为他们试图改进他们的工具、流程和实践。但如果他们只关注自己的问题，就会使问题变得更大、更难以解决。

我们喜欢让 Scrum 团队关注他们做得好的事情来开始回顾。

这有助于创造一个更乐观和建设性的氛围，并帮助团队识别那些它想要放大的东西。

这种焦点的转移使团队成员能够看到他们在过去已经取得了哪些成就，这是进一步改进方法的一个很好的起点。通过关注过去找到的解决方案，他们通常会为当前的问题找到更多更好的解决方案。这帮助他们专注于解决方案。而不仅仅是问题本身。

> Scrum 团队已经在他们的 Sprint 回顾会中确定了 20 多个需要改进的方面，所以 Scrum Master 希望将改进列表限制在最重要的部分。
>
> “嗯，这是我们可以改进的东西。现在，我希望每个人花三分钟的时间看一看这些内容，并选择三个你个人希望在下一个 Sprint 中实现的内容，并用一个小点标记出来。”
>
> 在团队投票之后，Scrum Master 问：“你是否选择了你想在下一个 Sprint 中处理的工作项？让我们根据获得的票数对提案进行快速排序，增加列表清晰度。然后我们可以讨论在下一个 Sprint 中到底要改进什么，以及如何改进。”

9.2.2　专注于一个单一的改进

大多数 Scrum 团队在他们的 Sprint 回顾会中会认为他们有很多需要改进的地方，此时他们对 Sprint 还记忆犹新，仍能体会到工作效率低下的痛苦。他们必须抵住处理太多改进事项的诱惑，因为这会分散他们的注意力。如果他们试图改进十件不同的事情，那么他们最终可能什么也改进不了。另一方面，如果他们选择了一件事来改进，并集中精力改进它，他们通常会取得进步。

非得只是一件事吗？不一定。如果 Scrum 团队真的认为这些改进很重要，那么他们可以（也应该）在同一时间自由地一次进行多个改进，他们只是不应该承担太多。多少才算太多？只有 Scrum 团队才能回答这个问题。如果不知道可以同时进行多少改进，就应该尝试团队成员可接受的改进数量，然后看看会发生什么。每一个 Sprint 都在一个小的方面有真正改进，比计划许多不同的、没有得到跟进并最终也没有完成的重大改进能带来更大的整体效果。

在 Sprint 回顾会中，Scrum 团队的成员会回顾他们的旅程已经走了多远，以及他们还需要走多远。

“你懂的，我突然想到，一年前，我们不可能做到我们在上一个 Sprint 中做到的事情。我们遇到了一些组织上的障碍，并且需要引起高级管理层的注意来清除这些障碍。他们也做到了。他们知道这很重要，于是免了现有手续步骤，让我们尽早得到了我们需要的东西。我们过去总是抱怨那些事，但什么也没发生。现在也是。”

“你说得对。当我们专注于日常工作时，很难看到自己已经走了多远，但回过头来看，就可以看到，我们曾经认为不可能的事情现在已经司空见惯了。”

9.2.3 随着时间的推移改变组织的文化以提高专注度

文化是一个总称，它包含了在人类社会中的社会行为和规范，以及这些群体中个体的知识、信仰、艺术、法律、习俗、能力和习惯。

——Edward Tylor，《原始文化》，卷 1

我们经常听到组织说“Scrum 对我们不起作用，我们的文化不会接受它”。从短期来看，确实是这样。在日常的基础上，文化似乎是固定不变的，然而，慢慢地，任何组织的文化都在一天天地不断变化。它是由组织中每个人无数的小行动塑造的；它是由组织中人们所做的无数决定塑造的；它是由组织中正式和非正式的领导者在改变规范和树立榜样的过程中形成的。

文化不是由任何人支配的东西：它是涌现的。高管们可以影响文化，但令他们极为沮丧的是，他们无法支配或控制文化。文化，归根结底是组织中的人天然自组织的副产品。它会受到组织目标的影响，但更重要的是受管理者在招聘方面所做的决策，以及团队成员在如何协作方面所做的决策。

从长远来看，文化是流动的，但其速度很难在每天看到。我们认为，文化是区分成功组织和失败组织的重要因素。而成功的文化最重要的特征就是拥抱 Scrum 价值观：承诺、勇气、专注、开放和尊重。

9.3　Scrum 会实现吗

该团队已经采用 Scrum 将近 18 个月了。团队成员们学到了很多东西，并持续改进。并不是他们所尝试的每件事都成功了，但总的来说，他们对自己的成很满意。全公司举行了一个盛大的晚会来庆祝，CEO 谈论了公司去年取得的进展以及未来一年的目标。今年，他花了一分钟谈论 Scrum 团队的成长和成功。

“回顾过去一年，我想我们都同意团队已经取得了长足的进步。他们不断地质疑自己，并试图找到改进我们的产品以及他们开发和维持产品的方法。我为他们所取得的成就感到骄傲，并衷心地感谢他们。我相信他们一定能够学以致用，继续不断进步。作为一家公司，我们现在已经成功地实施了 Scrum，我希望我们能够在公司的其他领域使用它的部分内容。”

9.3.1 我们什么时候才能实现 Scrum

有些事情无法“实现”，也永远不会“完成”。例如演奏乐器，做运动，练习瑜伽或冥想。对于这些东西，你会不断地尝试做得更好，努力提高自己和自己的水平。有时你会达到一个平稳阶段，似乎不可能取得进一步的进展，但这个阶段是可以跨过去的，随之取得新进步。

Scrum 也是如此：它不是实现后再使用——它是实践。团队和组织不应该期望他们会有一段时间来“采用”或“实施”Scrum，之后就只是应用他们所学到的东西。他们应该意识到，实践 Scrum 是一个不断学习的过程，我们希望在这个过程中，团队会持续改进，且永远不会有停止学习的时候。

当组织没有认识到这一点时，他们也没有考虑到持续的实验和学习，至少没达到他们引入 Scrum 时所期望和允许的程度。这通常会导致 Scrum 团队经历挫折，因为他们失去了对持续改进的关注，而只是专注于产品。持续改进产品与持续改进团队的工作方式是分不开的。

有时，那些认为自己已经成功实现了 Scrum 的 Scrum 团队并没有意识到自己的误区，因此对改进的机会视而不见。他们不再质疑自己的实践、工具和流程，因为他们认为自己已经掌握了 Scrum。

Scrum 的实践是一个永无止境的旅程：你首先学习和使用框架的元素，然后学习如何改进使用它们，并在不同的领域逐步达到精通和卓越。在旅途的每一段，你都会学到一些新东西，也会发现有趣而富有挑战性的地方。你甚至会重新审视其中一些地方，从不同的角度来看它们。总有新的风景和新的趣味之地值得一寻。我们的目标是通过向 Scrum 团队的利益相关者交付更好的结果，最终增加价值。改进本身并不是目的。

许多文化都找到了隐喻和图像来描述这种精熟之路。在西方世界，我们习惯了“学徒”“熟练工人”和“大师”这些术语。在日本，“Shu Ha Ri（守、破、离）”的概念描述了类似的信息（参阅边栏获得更多信息）。所有这些途径都需要达到一定的专业水平，但个人或职业发展并没有终点。

守、破、离

守、破、离是一个来自日本武术的概念，指的是一个学生从学徒到大师必须经历的三个学习层次。这三个层次被称为守、破、离。

“守”是学习的第一个层次。它意味着维持或服从。你通过模仿或遵循给定的规则来学习。只有学会了规则的人以后才能在不失去其理念或丢失重要见解的前提下改变规则。

“破”是学习的第二个层次，意味着打破、摆脱或脱离。学生可以改变给定的规则，并根据他们的具体情况来采用。这超越了遵守规则的层次，学生需要了解规则的背景和其背后的机制。

“离”是学习和理解的第三个层次，也是最高层次。它被解释为离开或切断，意味着离开已知的道路。经验和对规则的掌握是达到这一层次的前提条件。

在六个星期内，一个主要的发布将被部署，其中包含了产品目前计划的大部分功能。开发团队已经邀请产品负责人讨论在这次发布之后想要进行的变更。

“一旦我们交付了这个发布，产品待办列表将几乎是空的，”一个开发人员开始说道，“剩下的只是一些小功能和对现有功能的小改进。如果是这样的话，我们可能会想改变团队的组成，甚至可能想改变我们的工作方式，所以我们想尽早讨论这个问题，以预测变化。”

产品负责人表示同意，说道：“是的，这是对的。接下来的发布对我们的客户来说将是一次重大改进。在我们交付之后，我们将继续改进我们的产品，但规模要小得多。我曾预计，开发团队将继续致力于这些功能，并负责维持和支持该产品。”

“既然如此，”另一个开发人员插话道，“我们必须考虑团队

> 需要如何改变以支持责任的改变。例如，我们可能有太多的软件开发人员，但没有足够的人员来运行系统和处理支持电话。”
>
> 产品负责人点头表示理解，说道：“说得好，让我们讨论一下我们需要什么。看起来你已经考虑过这个问题了，那么请开始吧。”

9.3.2　在产品上线后如何使用 Scrum

一个产品在其生命周期中会经历不同的阶段。在初始阶段，对产品的大部分努力都是为了创造它，让它随时可供顾客使用。之后，该产品必须得到有效的支持和维持。在产品生命周期结束时，它会被淘汰，我们就需要帮客户转向其他产品。

Scrum 团队可以而且应该在产品的整个生命周期中处理好该产品。这加强了责任并提高了质量，因为构建产品的人也负责运行它。然而，开发产品所需的知识和技能往往与维持和支持产品所需的知识和技能不同。

对此，开发团队可能也需要改变，但要循序渐进且经过深思熟虑，以免给团队的工作增加压力和混乱。通过使技能的转变透明化来预测变化，可以帮助团队思考如何改变其组成和技能需求。在前面的示例中，团队可以添加一两个具有产品支持技能的同事，以帮助团队进一步了解需要做什么，并帮助新的团队成员学习如何成为 Scrum 团队的成员。这有助于团队以更少的压力和风险适应新的任务，并逐渐适应团队新动态。

一个在一段时间内保持相对稳定的开发团队可能不需要改变团队成员。我们合作过的一些团队已经能够提高团队成员的跨职能技能，这样他们就能够覆盖整个产品开发和支持职责的全部范围。这不可能一蹴而就，而且需要数月甚至数年的努力，但它会创建一个紧密团结的团队，能够应对几乎所有摆在他们面前的问题。

> “你认为邀请 Scrum 教练来参与一两个 Sprint，检查我们当前的工作方式有意义吗？也许我们可以得到一些建议来帮助我们进一步完善 Scrum，特别是现在我们想把它应用到越来越多的团队中。”
>
> CEO 和产品负责人正在一起吃午饭，CEO 似乎已经被持续改进的想法感染了。
>
> “我不确定这是否会有帮助，”产品负责人回答道，“我们自己可能要花点时间才能得到一些见解，但我不想在这上面花很多钱。请某个人来陪同观察我们的 Sprint 评审会、Sprint 回顾会和 Sprint 计划会，然后让他们对此反馈，如何？这位专家还可以就团队想要了解更多的主题提供一些小的研讨。这样我们就可以将外部评审与我们感兴趣的学习主题结合起来。你觉得怎么样？”
>
> “好主意。你心中有备选之人吗？”

9.3.3 Scrum 不需要外部专家的意见

在我们职业生涯的大部分时间里，我们都是 Scrum 团队的外部专家。因此，我们知道外部专家的意见可以带来什么好处。但我们也知道，这通常是没有必要的。

认真进行持续改进的 Scrum 团队将在没有外部帮助的情况下

找到自己的方法。他们会从一个小的改进工作到下一个改进，即使发现一些死胡同，他们也会重新找到出路，因为他们是自身所处环境中的专家。

没有哪个外部的 Scrum 专家能像组织内部成员那样了解这个组织。外部专家其实也有价值，因为他们可以看到系统内部人员已经接受且视为正常的功能障碍和问题，但要改善一个系统，你必须认识和理解它。

因此，我们认为外界的帮助可能是一种催化剂，而不是解决方案。外部专家通常能够提出一个强有力的问题，帮助团队开启一个思考过程，从而产生深刻见解和改变，但他们通常无法自己得出这种见解和改变，因为他们缺乏上下文和经验。当我们作为外部专家与 Scrum 团队合作时，我们会利用这种动态优势。我们的顾客不能靠在椅背上，放松下来，等待智慧从我们口中涌出。与此同时，我们必须以初学者的心态来接近团队和他们的环境，请记住我们没有解决方案——我们只能问一些促进性问题。

在前面的场景中，产品负责人的想法很好：如果邀请一位外部专家来帮助改进 Scrum，那么为什么不向这位专家询问团队当前感兴趣的所有问题呢？这些问题可以是关于实践和工具的问题，也可以是关于具体的挑战以及其他组织和团队如何解决这些挑战的问题。提前收集这些问题，并将它们发送给专家，以便他为研讨做准备。

当我们的客户问我们他们是否应该寻求外部反馈时，我们给的建议通常是：应该。我们通常不需要花太多时间就能深入了解一个团队及其工作方式，从而帮助它改进。我们想要参与的点取决于团队的问题。如果团队成员对改进他们的 Scrum 感兴趣，那么对我们来说，参与一个 Sprint 更替，或者是一个每日站会是最有价值的。如果一个开发团队想要改进它的工作方式，我们可以在团队开发产品的时候进行陪同从而提供最好的帮助。如果一个产品负责人想要改善他与利益相关者和产品待办列表的工作，我们就会与产品负责人和利益相关者一起工作，找到改善 Scrum 团队工作环境的方法。如果周围的组织希望能够更好地支持 Scrum 团队，我们会尝试直接与它合作，解释 Scrum 并改变环境，这样就可以持续改进。

9.4 总结

对我们来说，与使用 Scrum 解决复杂适应性问题的团队一起工作，最大的好处是我们永远不会感到无聊。问题及其解决方案、团队及其组织、这些组织工作的业务领域，以及团队用于解决问题的技术都在不断变化，我们也必须随之变化。

过去十年我们所目睹的变化是无法想象的，未来十年中将发生的变化也是我们无法预见的，但是我们知道 Scrum 的价值和原则以及它所提供的框架可以帮助克服任何生活抛给我们的困难。我们期待与不同的组织和团队一起踏上这段旅程，每天学习新的东西，不断质疑我们的方法，以找到更好的方法。

我们希望你也能像我们一样对未来会发生什么充满好奇和渴望。我们也希望本书能成为你的伴侣，帮助你避免别人已经犯过的错误，并帮助你快速地、以最小的风险取得进步。

参考文献

[Beck04] Kent Beck & Cynthia Andres. *Extreme Programming Explained: Embrace Change*, 2nd ed. Boston, MA: Addison-Wesley, 2004.

[Duarte15] Vasco Duarte. *No Estimates: How to Measure Project Progress without Estimating*. Stans, Switzerland: Oikosofy Series, 2015.

[Dunning05] David Dunning. *Self-insight: Roadblocks and Detours on the Path to Knowing Thyself*. New York, NY: Psychology Press, 2005.

[Fowler18] Martin Fowler. *Refactoring: Improving the Design of Existing Code*, 2nd ed. Boston, MA: Addison Wesley, 2018.

[Gojko11] Gojko Adzic. *Specification by Example: How Successful Teams Deliver the Right Software*. Shelter Island, NY: Manning Publications, 2011.

[Gojko12] Gojko Adzic. *Impact Mapping: Making a Big Impact with Software Products and Projects*. Woking, England: Provoking Thoughts, 2012.

[Goldratt04] Eliyahu M. Goldratt & Jeff Cox. *The Goal: A Process of Ongoing Improvement*, 3rd ed. rev. Hants, England: Gower Publishing, 2004.

[Kerth01] Norman L. Kerth. *Project Retrospectives: A Handbook for Team Retrospectives*. New York, NY: Dorset House, 2001.

[Kim16] Gene Kim, Jez Humble, Patrick Debois, & John Willis. *The DevOps Handbook: How to Create World-Class Agility, Reliability, and Security in Technology Organizations*. Portland, OR: IT Revolution PR, 2016.

[McGregor05] Douglas McGregor. *The Human Side of Enterprise*. New York, NY: McGraw-Hill, 2005.

[Patton14] Jeff Patton & Peter Economy. *User Story Mapping: Discover the Whole Story, Build the Right Product*. Sebastopol, CA: O'Reilly, 2014.

[Pink11] Daniel H. Pink. *Drive: The Surprising Truth about What Motivates Us*. New York, NY: Riverhead Books, 2011.

[Robertson15] Brian J. Robertson. *Holacracy: The New Management System for a Rapidly Changing World* (English ed.). New York, NY: Henry Holt & Co., 2015.

[Rosenberg15] Marshall B. Rosenberg. *Nonviolent Communication: A Language of Life*. Encinitas, CA: Puddledancer Press, 2015.

[Vacanti15] Daniel Vacanti. *Actionable Agile Metrics for Predictability: An Introduction* [eBook]. ActionableAgile Press, 2015.

[Vacanti18] Daniel Vacanti. *When Will It Be Done? Lean-Agile Forecasting to Answer Your Customers' Most Important Question* [eBook]. ActionableAgile Press, 2018.

[Vigenschow19] Uwe Vigenschow, Björn Schneider, & Ines Meyrose. *Soft Skills für Softwareentwickler*, 4th ed. Heidelberg, Germany: Verlag, 2019.